MAYA

卡通动画角色设计

U0244090

律师声明

　　北京市中友律师事务所李苗苗律师代表中国青年出版社郑重声明：本书由著作权人授权中国青年出版社独家出版发行。未经版权所有人和中国青年出版社书面许可，任何组织机构、个人不得以任何形式擅自复制、改编或传播本书全部或部分内容。凡有侵权行为，必须承担法律责任。中国青年出版社将配合版权执法机关大力打击盗印、盗版等任何形式的侵权行为。敬请广大读者协助举报，对经查实的侵权案件给予举报人重奖。

侵权举报电话

全国"扫黄打非"工作小组办公室　　　　中国青年出版社

010-65233456　65212870　　　　　　010-50856028

http://www.shdf.gov.cn　　　　　　　E-mail: editor@cypmedia.com

图书在版编目（CIP）数据

Maya 卡通动画角色设计：掌握夸张的动画艺术 /（美）基思·奥斯本编著；侯钰瑶译 .

— 北京：中国青年出版社，2017.1

书名原文：Cartoon Character Animation with Maya

ISBN 978-7-5153-4524-6

I.①M… II.①基… ②侯… III.①三维动画软件 IV.①TP391.41

中国版本图书馆 CIP 数据核字（2016）第 242652 号

版权登记号：01-2016-1275

Maya卡通动画角色设计：掌握夸张的动画艺术

（美）基思·奥斯本 / 编著　　侯钰瑶 / 译

出版发行　中国青年出版社

地　　址：北京市东四十二条 21 号

邮政编码：100708

电　　话：（010）50856188 / 50856199

传　　真：（010）50856111

企　　划：北京中青雄狮数码传媒科技有限公司

策划编辑：张　鹏

责任编辑：张　军

印　　刷：北京瑞禾彩色印刷有限公司

开　　本：787×1092　1/16

印　　张：9.5

版　　次：2017 年 3 月北京第 1 版

印　　次：2019 年 2 月第 2 次印刷

书　　号：ISBN 978-7-5153-4524-6

定　　价：69.90 元

本书如有印装质量等问题，请与本社联系　电话：（010）50856188 / 50856199

读者来信：reader@cypmedia.com　　　投稿邮箱：author@cypmedia.com

如有其他问题请访问我们的网站：http://www.cypmedia.com

MAYA

卡通动画角色设计
掌握夸张的动画艺术

（美）基思·奥斯本 Keith Osborn / 编著

侯钰瑶 / 译

目录

本书介绍

亲爱的读者，也许这样说听起来像是在开玩笑，但是制作卡通风格的电脑动画并非难事。但也就像古希腊哲学家伊壁鸠鲁（Epicurus）所说，"越是历经艰辛得来的成功，越是觉得荣耀。"我发誓这句将是这本关于卡通的书中唯一一句涉及希腊哲学的话。也确实如他所说，在生活中我们通常会觉得不容易完成的事情更有价值，那卡通动画的难题是什么呢？我认为其中的难题不过是两个最基本的障碍，其一自然是用来完成工程技术的技术能力，将电脑动画绘制带向卡通化的能力（就像人物在画面中被扭曲和涂抹），还并不是大多数计算机动画制作师常使用的有效工具。计算机动画作为一种艺术形式仍然在发展的初期，有时我们所使用的工具和方法也略显粗糙。

第二个障碍是用合适的方式应用这些技术时，美学方面的注意事项。比如在什么时候、从多大程度上去进行人物造型的涂抹，本身就是一种艺术。就像刚会画画的小孩子发现在画纸的上角画一个圆圈代表太阳，然后在之后的每一幅画中太阳几乎都会出现在画纸的同一个位置一样！一但出现了"啊-哈-"这样让人惊叹的时刻，也就知道了是怎样一种技术可以达到这样的效果，随后就可能会出现一种无论何时何地都尽可能使用这种技术手法的现象。在这些传统动画技术的模式中，裁断能力和判断力是最关键的事情。知道什么时候使用这种手法的重要性和如何去使用是等同的。在本书中，我希望可以讲解并挑战以上这两种障碍。近期在骨骼动画的人物绑定方面和动画制作的工具方面的进步，使卡通化技术更简便地应用于计算机动画中。即使这些技术的应用可能偶尔会挑战你们的耐心，但最后的结果通常就像一场动画魔法，让人极度惊艳。

这本书是为那些想要创作更夸张更卡通化风格的动画制作师准备的。我会尽可能地将信息简单化，来帮助大家去理解吸收，然而此书并不太适合刚刚接触动画制作的初学者。想要通过学习这本书达到受益最大化，需要具备对于动画制作工程的理解和在Maya中制作动画的能力。由于动画是包含动作轨迹的视觉艺术，在本书中我会向你们展示一个简短并包含所有提到的技术手法的动画场景的制作。你们也会有一个可以跟进并学习的实战案例。各章节关于创作动画所使用的人物绑定和工具的视频短片可以进入我们的网站进行观看，www.bloomsbury.com/Osborn-Cartoon-Animation。在学习完本书之后，我希望你们都可以通过扩展、开发你们的知识储备并提高专业技能，将这些技术和手法灵活地应用到自己的动画制作之中。

另外呢，作为一个动画老师，我不希望用简略概括的方式去讲解这些技术，也不想用普通的方法来教授动画。在我早期作为一个动画制作师的职业生涯中，我幼稚地认为只有有天赋才可以成功。就是说有一些学生，哪怕他们再努力再用功也没有办法做出成功的动画。我并不否认学习动画的艺术对于一些人来讲可能比领会很快的人要花费更长的时间。我不知道这是不是教育的自然天性，但是我可以确认的是，八年的教学经历以及一个特殊的人让我明白了一件事——只要专注就可以战胜困难。

那么这个特殊的人是谁呢？为了保护隐私，我会将这个人匿名为"布莱恩"。布莱恩以一名渲染师的身份开始了他的动画事业。很多人可能不熟悉这个职业名称，他负责监控计算机群，专注于渲染输出最终画面。这个技术型的职务，并不是大多数艺术家想要做的。然而对于布莱恩来讲这是入门阶段，并且他也很乐于接受这份工作。布莱恩除了上过当地教学机构办的业余班之外没有受过专业的动画制作的训练。尽管他的动画只是由一些来回弹跳的球的练习和一个很弱的

动作测试组成，但是他对于动画有着极大的激情。他总是从其他的艺术家身上学习，并且不断练习提升自己的技术水平，他有着非常强烈的意愿想要去进步，也确实全身心地投入其中。他很快便实现了自己的目标，我也有幸目睹了他在仅仅几年的时间中，将自己的动画逐步稳固地提升到越来越高的位置。他已经不仅仅是一个成功的动画制作者，更是动画的领路者，最终成为动画的主控者。在几年中他又迅速地发展，现在已经是一家精品动画工作室的CEO，创作很多高质量的作品并为许多知名客户提供服务。我从布莱恩身上学到的最有价值的就是：只要专注就可以战胜困难。所以有时候，我

们要期待挑战的出现甚至期待遇到几次失败，我可以保证，一旦你们无所畏惧地去面对这些困难，它们最终都将变得不堪一击。用一条著名的动画鱼的话来说就是"一直游，不要停。"

第一章
二维平面思维

当我第一次打开Maya软件的时候，我感到非常得激动。那时的我只是一个充满热情的艺术学校的学生，却将要使用一个许多出色的专业动画制作工作室所使用的软件，进行我进入计算机动画世界后的第一次尝试。不过这个软件很复杂深奥，对我来说也十分陌生。我每次点击鼠标的时候都非常害怕会破坏什么，事实上我也确实破坏了许多东西。作为一个学习计算机动画制作的学生，我们也常听到学插画的学生抱怨"Photoshop很复杂"。并没有贬低他们的意思，但是他们所不了解的是三维立体（3D）比二维平面（2D）多出的那个维度增加了成倍的复杂程度。

随着时间的推移，我对于Maya软件的使用越来越得心应手，但我发现我又非常渴望使用铅笔和纸那样简单的东西，渴望追溯回这门手艺的根源：传统动画。对于绘画能力的欠缺注定了我无法成为一个传统的动画制作师。我在无意中发现，一些计算机动画制作师在他们的作品创作过程中融合了传统动画的技法。比如用关键动作法、用按逗号和句号键来模仿书页啪嗒啪嗒的响声，这些用法具有十足的吸引力，让我非常迫切地想要把它们应用到我的创作之中。当尝试这些的时候，我感觉到制作动画的过程增添了更多的挑战，但是也更有成就感，我觉得我不再是一个技术师，而更像是一个艺术家。

这些方法在现在已经非常司空见惯了，可能你们已经在使用这种方法了。如果你们还没有尝试这些方法也不要着急，我们马上就会更详细地讲解其中的一部分技法。但是在进入到用平面动画师的思维模式思考动作之前，我们先退一步，了解一下在人物造型设计中2D思维的重要性，以及它是如何影响到你们所制作的动画的。

角色设定引导动画动作

一般来讲，如果你们不是自己创作人物造型，那么动画人物的设定不会是你们所能控制的部分。不过人物的设计对于人物该做出怎样的动作来讲有着非常大的影响，所以当你们在决定想要创作什么风格的动画的时候，如何进行设计是需要花精力考虑的事情。

通常一个人物所具有的特定的动作类型单纯地取决于这个人物造型是如何被设计的。如果一个人物被设计渲染成很真实的一个角色，我们会认为他的动作应该更自然、更符合现实生活并遵循人体的自然物理规律。这种对于人物造型动作的预期定位，可以、也通常被"玩弄"（不完全按部就班），比如绿巨人敏捷地在高楼之间跳跃。而关于可信度是否会被打破，是有一个临界点的。

我们不需要有一个物理学的博士来检验动画人物的某一个动作是否符合科学规律。假如被卡通化的绿巨人将他的眼球瞪出了眼眶，我们可能会被逗乐并觉得很好笑，但是同时也会觉得有点太过了。在这种模式下绿巨人已经远远超出了现实化、真实化的构想。

相反的，如果一个在二十世纪初期出现的橡皮管风格的动画人物造型，比如米老鼠，很精确地遵循所有的物理法则，那看上去一定很奇怪，观众也会觉得很困惑。我们根据人物造型的设计来定位它应有的动作的行为可能是出于本能，又或许是在看许多的电影的过程中逐渐形成的规则。无论如何，通常情况下，人物设定越是卡通化或者漫画风格，动作越需要无拘束、夸张的类型。即使只是很微小的变化，也可以表现得很不一样。

举一个动画《阿拉丁》（1992）中"精灵"这个动画造型的例子，它的形象设计有很多的曲线，形状很圆滑，相应地，他的动作也都很宽阔自由且具有流动性。然而当阿拉丁被绘制成漫画风格的造型的时候，他的外貌基本符合解剖学人体，所以如果他也有和精灵一样的动作就会显得很奇怪。所以即使在同一部已经定了风格基调的影片中，不同的人物造型设计也一样会影响到动画人物的动作。不过，远在动画之前就要先考虑关于动作类型的设定，这很大程度上取决于人物造型的设定。如果你们希望更自由地去运用并且拓展这些创作技法，那最好还是选择漫画或卡通程度高的人物造型。

1.1　星球大战之克隆人战争，2008
克隆人战争在强烈的设计美学的指导下，有着极富漫画风格和动感的动作。

1.1

角色设定
引导动画动作

二维动画与
三维动画

访谈：
肯·邓肯

做做看

1.2

1.2 复仇者联盟，2012
绿巨人的设计定位比较写实，他所处
的也是与现实世界相似的环境，所以
他应该具有被大众所习惯的、符合物
理生理规律的行为动作。

素材的真实性

在计算机动画制作中，我们有着无限强大的仿制素材的能力，比如把物体的表面做的和现实中一模一样。这对动画人物造型的动作行为有着很大的影响。如果你们在动画中制作一个有钢铁表面的物体，比如车或者机器人，那你们必须要在制作的时候考虑到这些。在由早期迪士尼动画制作师定义的12个动画制作法则中，受这种情况影响的一条就是挤压和拉伸。一辆锃亮的汽车如果从很高的地方掉落下来，那当它落地的时候是不太可能会像橡胶制物一样弹起的。并不是说不能使用挤压和拉伸，而是在使用的时候要根据物体本身的物理材质特征谨慎地使用，要符合其本身的材质。在影片《汽车总动员》（2006）中，这一条法则被运用的十分出色。当我们在想着这条法则的同时来看这部影片的时候，会发现在车辆移动的时候对于挤压和拉伸的使用十分自然恰当，很精妙。

再举一个例子，我很幸运可以参与《大土狼与比比鸟》（又名《歪心狼与BB鸟》）（2010）中大土狼（歪心狼）和比比鸟（BB鸟）的计算机动画介绍。即使动画人物造型的设计尽量延续在传统动画短片中的创作模型，它们还是多少被增添了一些写实的动物羽毛和皮毛。

在这样的动画风格下，我们可以全片中都制作的十分活泼、卡通。但是由于比比鸟（BB鸟）的尾巴看上去就像真的羽毛，当他的身体突然停下来的时候，他的尾巴要慢一些落定。这对于新旧动画的混合来讲是个挑战，并且在我们发现有效的方法之前，需要对动作行为的类型做更多的探索工作。

TIP | **动画的12条法则**

以下由迪士尼动画制作师奥利·约翰逊（Ollie Johnston）和弗兰克·托马斯（Frank Thomas）在影片《生命的幻象》（1981）中提出的12条法则，是规范我们创作作品的框架。我们会在本书中更详细深入的讲解其中的一部分法则，以及它们是如何和动画制作紧密相关的。

1. 挤压和拉伸

2. 预备动作

3. 表演及呈像方式

4. 连贯动作法与关键动作法

5. 跟随动作与重叠动作

6. 缓入与缓出

7. 弧形运动

8. 附属动作

9. 时间控制

10. 夸张

11. 纯熟的手绘技术

12. 吸引力

角色设定
引导动画动作

二维动画与
三维动画

访谈：
肯·邓肯

做做看

有限动画

卡通设计所涉范围的其中一个端点是有限动画，也称限制性动画，这种风格的动画画风简洁平实，更抽象。翰纳－芭芭拉工作室的《摩登原始人》（又称聪明笨伯）和《杰森一家》是两部很经典的传统动画的例子。《小P优优》（2005）和《音乐果果星》（2011）是更现代的计算机制作的动画。

简化动画设计最初目的之一是为了加快动画制作的进程，以缩短创作时间，进而减少创作成本。这种强烈平面化的方法所带来的最大的一个好处可能是避免了动画人物一动不动，只通过必要的动作去传达想要表现的意味。这种形式的动画通常有大量的对白，所以通常人物身上唯一需要动的部位就是嘴巴。在传统动画中，考虑到节约成本，同一幅绘图可以被用在很多画面里面。同样的，在计算机动画制作中，动画人物的动作越少，动画制作师制作出连续镜头的速度也就越快。这是一种压缩制作成本的方法，毕竟不是所有的动画项目都能有好莱坞大片的预算支持。不过要注意，有限动画并不代表动画的质量低。

例如影片《小P优优》的动画制作，有非常好的构思和极高的完成度，并且非常得吸引人。当我们观看这部片子的时候会不由自主地随情节笑出来。任何一种形式上的极端，例如有限动画都需要对动画人物应该有怎样的动作考虑周全。设计对于动作有着意义深远的影响，当带着强烈的设计美学去制作动画的时候，人物将有怎样的动作可能并不显而易见，一些实验也可能是按顺序的。

试验一个人物可能会如何运动的最好方式之一就是制作运动周期，不断循环的行走。运动周期的制作并不仅仅是为了好玩，还可以用来草拟基本姿势。它们可以被很快地重复复制，作为测试基础来完善一个特定人物甚至整个系列的动作类型。不管如何完善发展动作的制作，动作看上去一定要协调，这可能会需要一些修补工作。

1.3

1.3 摩登原始人，1960-1966
影片《摩登原始人》中的动画很好地说明了设计是如何影响动作类型的。人物的出色设计，使其在不超出预算的情况下保证了很好的质量。

静态姿势和分离动作

漫画设计的一个好处就是我们可以"玩弄"计算机动画的一些原则，扭曲甚至可以打破它们。在我动画事业生涯的初期，我被教导的是尽量避免人物一动不动的静态姿势，因为人物看上去像死了一样。在现实生活中的确是这样，没有人会一动不动（除非是死了），因为计算机动画的追求之一就是仿制现实生活，所以我们在学习动画制作的时候会被教导避免静态姿势。不过就像我们之前提到的，有限动画很自由并且大量地使用静态姿势。即使在高质量大片的传统动画中，静态姿势也都会大量地出现。背景人物通常都在某一时刻完全静止几秒钟。类似的状况还出现在主要动画人物在许多画面中也会是静止姿势。但是在计算机生成图像的领域中，这种情况一般是不允许出现的。

同样的，分离动作也是应该避免的。动画人物身体的一部分，比如手臂，若它的运动并没有影响到身体的其他部位而是独立运动，这种情况也是不允许的。然而在传统动画中，这是一个例行公事的技法，尤其是在有限动画中。和静态姿势一样，分离动作也是一种不允许计算机动画师使用的技法。

不过像《精灵旅社》（2012）和《美食从天而降》（2009）这样的影片，打破了计算机生成图像（简称CG）的严格规定，并且在制作过程中通过运用静态姿势和分离动作成功创作出了许多非常有趣的镜头。不过这不表示一些不懂这些禁忌的动画制作师可以无知并且错误地过度使用这种方法。设计的图形化让动画制作师有机会去拓展那些以前不曾尝试的道路。

当考虑到要将动画推进到什么程度的时候，我们需要有周全的思虑和娴熟的技术。以CG中的一个静态姿势为例，为了看上去协调，即使动画人物的造型非常得"动漫"，可能也需要使其姿势处于可控的轻松状态中。虽然我们是在做与现实有一定差距的视觉作品，但如果没有细致处理好静态姿势，有着表面肌理和写实的阴影关系的计算机动画场景还是可以让人物看上去像死了一样。这绝大部分取决于设计的定位与现实生活有多大距离。所以如果你们的设定允许，可以尝试不同的动作类型，去探索你们可以将你们的动画推进到什么程度。

1.4　美食从天而降，2009
影片《美食从天而降》通过在计算机动画大片中推进了卡通动作的界定范围，打开了一个新的动画制作格局。

1.4

角色设定
引导动画动作

二维动画与
三维动画

访谈：
肯·邓肯

做做看

TIP

使用触感笔制作动画

我们完全可以理解在传统动画中，动画师们使用触感笔和电脑作为导入设备。但是在Maya软件中，为什么要使用触感笔呢？一部分原因是因为使用它的时候会像艺术家一样创作。这种体验不仅仅是关于握住触感笔，更多的是可以感受手动的力。对于我自己和我认识的一些艺术家来讲，使用触感笔更重要的原因是可以减轻在长时间使用鼠标时出现的重复性压迫损伤（简称RSI）。

如果你们考虑使用触感笔的话，我建议当你们将数位板连接到电脑的时候迅速拔下鼠标插头，这样你们就不容易受到诱惑继续使用鼠标了。并且在这种情况下你们会异常迅速地适应并熟练使用这种方式。以我的经验而言，我用了两个星期的时间达到了熟练使用的程度，并十分满意这样的效率。当然，使用触感笔并不能百分之百保证不会得RSI，但是如果需要帮助的话，这种方法是非常值得尝试的。还有一条技术上的小提示，就是强烈建议买一支笔杆上有两个按键的带摇臂开关的触感笔，这样你们可以将一个转化为鼠标的中间按键，另一个看作鼠标的右键。

二维动画与三维动画

在动画制作中，除去动画人物造型的设计，2D思维也起到了不可忽视的作用。幸运的是我们并不需要像一个平面动画师一样成为出色的绘图大师，并不是说我们需要去提升全新的技能，而是训练我们的大脑在看待观察事物的时候和之前有一些不同，并不复杂。其余的呢，就是在进行动画制作的时候，这些能帮助你们更好地使用2D思维进行简单地提示。

同一幅绘图中的画面

在早期迪士尼动画师所定义的12条原则中，有一条是过硬的手绘技术。即便在制作3D动画的时候，我们不会像传统观念那样手绘动画人物造型，但是我仍然认为将摆好造型的人物想象成一幅手绘的画是个好习惯。为什么呢？当观众看到我们的最终作品的时候，它是被放映在平面的荧幕上的，所以从本质上来讲它呈现的是2D画面，是一幅画。这里有一些技术性的差别，我比较倾向于更有艺术感的那一种。如果我们将带有姿势的人物造型看做一幅画，这更有利于我们退一步，站在我们创作的虚拟世界之外，从是否是出色的设计的基本角度去测试画面。通过从单一照相机一般的视角去测试动画人物，我们可以从设计的角度去分析整个画面，然后再考虑画面的布局、背景空间的使用、清晰度、相对的直线与曲线、对比度和画面的节奏感。

如果你们没有听过其中的一些也没有关系，我们在后面的章节中有更细更深入地介绍。现在呢，先简单地提醒一下，我们完成的作品、最终画面是2D的图画。迪士尼动画《长发公主》（2010），就很好地证明了这一点。格兰·基恩（Glen Keane）是迪士尼传统动画的巨匠也是《长发公主》的动画总监之一，他用数位板在计算机动画师的创作之上绘制修改意见，来表现如何扭曲和推进人物的姿势可以让人物造型更有表现力。他过人的设计感和传统动画制作的习惯定位了整部影片，影片从始至终都充满了格兰·基恩式的细节。

《长发公主》并不是普通的卡通类型的动画，它在经典的华纳巨星总动员系列的脉络之中，但是也可以很清晰地感受到它以2D为中心的痕迹。甚至在卡通动画中也是这样，在主镜头中即使人物造型是扭曲的也不会被看出来。当我了解到这个概念的时候感觉一下子就解放了，起初我非常关心主相机中显示的画面，这样我就不用因为考虑人物每一个角度是什么样子而焦虑了。即使它从其他的很多角度来讲是完全错误的，只要看上去是对的，那它就是对的。我们只需要调整唯一一个有用的相机，就完全可以利用这种好处来投机取巧。不过如果你们在相机极少被锁定的工作室或者创作过程中，这种方法可能不太合适，尤其是在视频游戏中。电影的切换镜头是个例外，锁定的摄像机非常非常得少，动画可以从任何可能的角度被观看到。有锁定的相机当然是再好不过的，但即使在这些条件不允许的情况下卡通动画也不依赖于此。

角色设定
引导动画动作

二维动画与
三维动画

访谈：
肯·邓肯

做做看

1.5　霍顿与无名氏，2008

无名市市长有一个十分传神的动作。
注意这个姿势的曲线程度，尤其是他
的左臂。传统动画对于绑定的控制可
以控制整个动作，但是补充一点，像
上图的曲线是需要二级控制的。这个
动作的设计采取这样谨慎的做法，保
证了它与整部影片奇异的美学基调相
匹配。

抽象形状

1.6

1.6 卑鄙的我，2010
在影片卑鄙的我中，这个画面充分显示了形状是怎样表现含义的。格鲁是上重下轻的倒三角设计，同时有着双腿紧并、双脚占地极小的对称造型，表达了不稳定和强势的感觉。小黄人们很清楚地感受到他神经紧绷，即将失去理智。

　　在创作中，对我帮助最大的一件事情就是我明白天生的"卡通者"会将动画人物造型看成许多简单的图形和结构，而不是一个具有手臂、腿、脖子、头等等许多身体部位的物体。为什么这种方式会有效果呢？当我们以一种更平面更图形化的方式去思考的时候，我们会考虑图形是怎样表现动作的。

　　一个竖直放置的长方形给人稳定稳固的感觉，会联想到坚固静止的东西，比如高楼。如果一个长方形斜靠向一个方向，动作就出现了，因为这可能是物体将要倾侧倒下。一个拉长的没有接触地面的长方形会有在垂直方向上高速运动的感觉，类似于火箭发射。

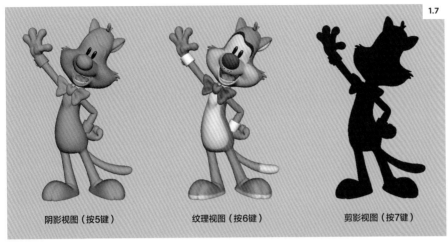

阴影视图（按5键）　　纹理视图（按6键）　　剪影视图（按7键）

1.7　Maya剪影

在Maya软件中你们可以通过按7键（光线显示），来隐藏画面中所有的光，包括背景物和场景（原则上除了人物之外的所有物体），使人物呈剪影视图，人物会立刻呈剪影。按6键恢复纹理视图，按5键为阴影视图。

1.8　星际舰队预告海报，2009

星际舰队的徽章是用形状来表现含义的一个例子。竖直指向性的形状给人一种向上的轨迹的感觉，大胆地向人类未曾到过的地方。

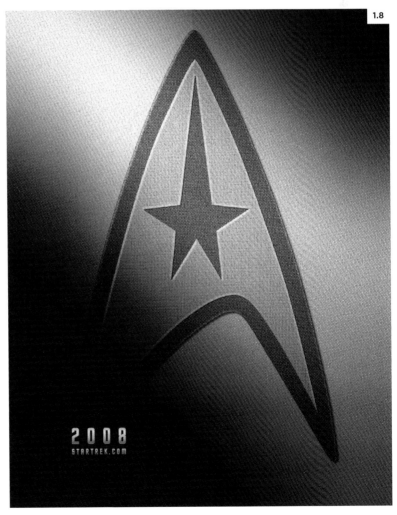

　　在心理上转化到这种模式最简单的方法之一是显示人物剪影。在图1.7中，人物内部的细节全部都看不到了，只关注人物的整体形状。我们举例说明这样做的意义，比如动画人物被一台大炮轰炸，以惊人的速度横穿整个屏幕，将这个动作设计成一个拉长的箭头，手臂和腿都挤进拉长的身体的剪影中，强烈地表现了速度之快。形状拉伸的程度越大，所表现出的速度就越快。然后和人物突然撞到墙上的强烈竖直形状形成对比，会产生很好的效果。

全部帧都很重要

像大多数计算机动画制作软件一样，Maya也可以在关键帧中插入中间帧，就像传统动画中动画员做的工作一样。不过它并不能像一个技术娴熟的动画员一样理解弧形运动和空间，只是盲目地计算，然后填充满关键帧间的中间帧。用Maya软件来做这件事的最大好处是节约了大量的时间。但当以这种方法处理时，在关键帧之中或之外会有大量不确定时长，所以通常会出现因缺乏时间控制导致的混乱。

就像一个传统动画员会做的，我们需要控制好每一帧，以确保在整个运动过程中有适量的弧形运动并在每一个关键帧的前后都要保留固定的时间。这是否意味着我们需要制作每一帧呢？有时候确实需要这样做，尤其是需要在短时间内表现出非常快速的动作。听上去似乎觉得非常的犯怵，它也确实是一件很棘手的事情，但我认为这是制作卡通类型动画的一个必要习惯。

掌握好动画的每一帧是非常重要的。举一个我个人的例子吧，在华纳巨星总动员系列里的CG（计算机生成图像）短片《达菲狂想曲》（2012）中，达菲鸭需要在爱发先生击中它之前跳上一个梯子，而我必须要在七帧之内将这个动作完成。我请求能不能多一些帧，但是剪辑已经固定了，我只能在现有条件内做到。在这种情况下，每一帧都非常关键。我一帧一帧地制作，

1.9

每一个细节、身体的每一个部位都花费了大量的心思，以确保可以将动作表现清楚。我在几次修订，包括制作了一个作为过渡帧的脚之后，终于完成这项任务。这个过程又冗长又枯燥，但是绝对值得这样做！

这个任务对于我而言不仅仅是一个有难度的挑战，更重要的是它让我对每一帧有多么得珍贵、多么得来不易有了新的体会。二十四分之一秒的时间就是我们所存在的世界，我们在这些瞬间中焦头烂额地和每一帧做斗争，让它们看上去更好，当然有时候也有可能只是令人很沮丧。我一直坚持这样做的，而不是草率地将支配权交到没有经验的动画员手中，为了避免带来非常多的麻烦和混乱，要拿回主动权，掌握整个局面。

1.9　好莱坞百变猫，1997
当我们从逐帧动画的角度去学习影片《好莱坞百变猫》时，可看到它对于"每一帧都很重要"的体现。虽然该影片并没有打破任何票房纪录，但绝对是一部值得学习和赏析的出色动画。

肯·邓肯

肯·邓肯是一位经验丰富的动画大师，他创办了邓肯工作室。在动画的第二个黄金时代中，肯·邓肯创作了许多经典作品，包括《美女与野兽》（1991）、《阿拉丁》（1992）和《狮子王》（1994）。另外，肯也是《大力士》（又名大力士海格力斯）（1997）中梅格和人猿泰山（1999）中简的动画总监。他还成功转型到计算机动画，为动画梦工厂的《鲨鱼故事》（2004）做监制。

在邓肯工作室，他的团队做一切有关经典大片的工作，比如主题公园的娱乐项目、商业性的、苹果软件。肯将和我们分享一些他对于自己到计算机生成图像范畴的转换、计算机动画未来前景的想法和对动画制作学生的一些有帮助的建议。

您能简单地说一说您从一个传统动画制作师到计算机动画制作的转换吗？

对我个人来讲，我一直都很想要做计算机生成图像（CG），所以我并不像一个做2D平面的人被要求去做CG一样是传统意义上的转变。最初在《电子世界争霸战》（1982）问世的时候，我去看了并且想要做计算机生成图像。那时候我在一所艺术高中就读，弗兰克和奥利刚出版了关于如何做迪士尼动画的《生命的幻象》一书。我来自加拿大的渥太华，他们在那里举办了动画节并对弗兰克和奥利进行访谈来讲解他们的新书。他们同行的还有《电子世界争霸战》的制作者罗伯特·阿贝尔（Robert Abel）。

当我看到计算机生成图像的材料和弗兰克、奥利时就觉得"天啊，要是把老辈人的知识技术和所有新的东西相结合一定很酷！"我想象着所有这些新的东西有一天都会被用电脑制作出来。我想要学习CG，也想要学习弗兰克和奥利制作的动画人物表现风格，这些促使我在雪尔顿学院（又译谢尔丹学院）学习2D技术，那里也是我上第一节计算机生成图像形象化课程的地方。那是晚上的课，我们可以做基本的矢量图形，但那时候他们甚至还不会做完整的CG。绝大多数多伦多的专业平面设计师都在上那个晚课，我可能是为数不多的几个完全是做动画的人之一。所以我总是想要做CG。

我最终以在迪士尼学习传统的人物造型表现的东西，对于我而言这不完全是关于2D或者CG。表现人物和工具完全没有关系，是来自于对人的观察、发生的故事、人物的性格、怎样能适配进一个电影大片的情节中、该有怎样的节奏以及造型该是什么样子。然后你们可以去运用，不管是以手绘的方式还是用电脑。对于我来说，比使用任何机器设备更重要的是动画师本身。

如果要我去教一些什么，那只能是那些传统的原则，你们也都知道，就像时间的限制是什么、重量是什么、观察现实生活与性格是什么样的，一个人的心理活动是什么样的，他是如何和另外一个人建立关联的，他们在故事中扮演了怎样的角色、起到什么作用。并不是要回避技术知识不谈，但在谈论样条曲线和类

1.10

您能大概谈论一下当您向CG方向转化的时候使用过的工具和技巧吗？

让我们再回到迪士尼，当CG渐渐成为趋势的时候，我想要做更多的东西，于是我开始自己做一个小的短片，并从工作室雇了一些人来做建模和绑定，我自己学到了越来越多的东西。正是带着那种不断尝试、不断学习的精神，我开始做CG。所以从来都不会有那种"噢，我必须要学CG，因为这是产业的大趋势"的感觉，从始至终它都是我想要做的事情。

当我在迪士尼的时候，有一个叫做奥斯卡·乌来塔比兹卡亚（Oskar Urretabizkaia）的先生，他使用工具和创作的方式与2D方法非常得相似，即使不是手绘的画，但也是都是关于如何在CG动画中应用时间和空间的使用。他向我展示了这种方法，还有我之前做动画的时候正确的部分。那时候梦工厂正在美国格兰岱尔筹备他们的第一部CG动画，迪士尼和工业光魔公司的一个总监珍妮

似的东西之前，我会先说许多跟这些有关的事情。

1.10　鲨鱼故事，2004
肯·邓肯是CG新手，但这并不妨碍他在《鲨鱼故事》中尝试性使用2D技术制作安琪这个造型。

特·希利（Janet Healy）听说了我在做CG方面的事情。她觉得在CG工作团队中加入一个有制作人物造型动画和总监经验的人会非常有价值。

她面试了我，最终我从迪士尼去了梦工厂，帮《鲨鱼故事》系统地整合里面的动画人物造型。于是我们在梦工厂继续研究之前在迪士尼研究的工具。

所以《鲨鱼故事》是你们进入计算机动画的首次尝试吗？

是的，《鲨鱼故事》这部影片使我最终进军计算机动画，我和以前做传统动画一样非常用心努力地把它做好。我尝试做了一个人物造型——安琪，电影中的人物蕾妮·齐薇格（Renée Zellweger）。我主要监制有这个人物的片段，其余也会监制，但是如果一段中有另外一个人物，我会交给团队中的其他人制作，有时候我们会因此有点小争执。

我会用到定时工具，也有一个助手和我一起工作，和我在2D中用的方法几乎相同。比如在创作人物的姿势时就像画2D绘画一样，我会先做出人物的姿势，不带细节，然后尝试把适合这种人

物性格的姿势和时间的控制做出来。然后把这些给导演过目，等拿到他的反馈后再进行修改。我们有一个曝光表的工具，把各种姿势造型输入进这个工具之后，它可以计算出时间。我用这种方式展示我的画面和暂停的造型，其实就和手绘的方式非常相似，先把画稿扫描，然后计时，再拿给导演，然后通过反馈进行修改。

由于我已经有了理论基础、工作方式以及团队合作的经验，一切都进行地很顺利。对于我团队中的动画师，我会根据每个人的特长分配工作。如果一个人很擅长动作，或者谁很擅长制作柔和的场景，我可能会给他分配一个有女生造型的很温和的镜头去做。因为我们有一个很好的体系，所以我们负责的工作都完成得很快。这个体系并不是说要赶快做出来五六个镜头然后从中选一个相对最合适的，而是在制作动画之前先大概地设想：为什么人物要出现在这个镜头中？这个场景对整个故事情节有什么作用？噢，它是这样表现来起到作用的等。动画师们会很认真地和别人谈论、探讨他们创作的角色，而不是仅仅当作是屏幕上会动来动

去的一个场景。

投入到镜头之中是最重要的，想要表达什么，和导演进行沟通，一定一定要在开始制作动画之前做大量的准备工作。这样做比一遍一遍地重复修改要节省很多时间，一定要去尝试站在观众的角度，去想他们想要看到什么。

那以此为起点，您想要看到计算机动画有怎样的发展呢？

当我用2D方式思考的时候，有一个好处就是唐·布鲁斯（Don Bluth）有一种特定的方式，迪士尼的那些人比如格兰·基恩，也有自己特定的方式，每个人都有自己创作的特定方式并且具有强烈的个人特征。所以我们可以感觉到这个人的作品是什么风格或者能看出这个影片是谁创作的。华纳兄弟的特点和迪士尼又很不一样，所以总会找到一条适合你们自己的风格，与他人不同的道路。

不过对于CG我个人觉得很遗憾，所有人都在学习很相似的东西。他们都在学习流行的制作动画的方法，都在学习流行的建模方式。比如动画风格和其他人非常非常不同的特克斯·艾弗里（Tex Avery），在CG领域我们看

不到发展得这么好的东西，因为那会需要更多更多的努力也更加困难。艺术家们必须去了解特定的方式去做造型的姿势和计时，然后可能有许多影片和这很相似，对于工作室而言没有这个必要为了达到这些去要求人们开发一切独一无二的东西。

最要紧的是完成影片的制作，因为花费150,000,000美元在一部影片身上实在是一笔大数目。而对于小的独立作品而言，他们需要尽可能地将有限的资金发挥最大的作用。我最欣赏学生制作的或者一些小的独立的短片，由于他们的资金投入有限，所以总是努力将仅有的条件用到极致。而那些工作室和他们相比，没有什么资金限制和那样大的票房压力，所以可能也就比他们要少一些努力。

那您觉得CG作为一种动画形式，是否有些停滞不前了呢？

我相信，也坚信对于CG，还有很多很多的东西没有被发掘和使用。有了技术，有了对光线、渲染等的控制，做出插画风格、超现实主义风格都是有可能的。它还有很多的可能性可以去发掘和推进。

可以鼓励艺术家用更自由更有创意的方式去操控人物，鼓励动画师尝试不同的方法或者可以有新的动画师带入他自己的一些很独特的造型。现在大多是CG产品所展现出来的也不一定是不好的，我们可以用积极的态度去看待这些事情。如果一个特定的动画师想要用一种方式去推进一个姿势而另外一个动画师不同意，那又如何？如果那就是那个人想要的，可以去找令大家都满意的方法，让他们具有不同能力的优势发挥出来。这样会更人性化，而不是像工厂一样只是一味制作产品。

如果我们回到19世纪20年代，在动画的早期人们几乎都想要达到一种工厂化的状态。那时候的动画就是这样，简直就是粗制滥造，所有的东西都非常相似，看起来都一样。因此在19世纪20年代初期，动画的发展进程并不顺利，在19世纪20年代末，动画已经不再是一种受欢迎的艺术方式了。这时候，迪士尼站出来说我们应该将这种艺术形式提升一个高度，然后他就不断去挑战有难度的事情。我并不是说我

> 我相信，也坚信对于CG，还有很多很多的东西没有被发掘和使用。有了技术，有了对光线、渲染等的控制，做出插画风格、超现实主义风格都是有可能的。它还有很多的可能性可以去发掘和推进。
>
> **肯·邓肯**

们应该模仿迪士尼的成就或者是形象，而是应该学习他对于未来动画应该怎样发展的敏锐度——不断的创新、另辟蹊径。一定要思考我们该如何做那些没有人做过的事情，一定要督促整个团队去学习新的东西，这样也会让他们去思考要怎样做才能更好地推动整个进程。

您如何看待动画表演呢？

当我看真人的动作电影的时候，一个人物可能只是在厨房里做事情或者是在打包行李箱，但是他们却在谈论更有内容的东西。比如有人要出行，在打包行李的时候他们的妈妈进门跟他们说话。在一部影片中是一定要有让人觉得"啊，这个人物表现得真棒！"的时刻的，通常这种时候不会仅仅是两个人面对面站着说话，我觉得这种场景实在是太无趣了。

这时你们可以设计他们在空间中走动的轨迹，他们是试图渐渐远离对方还是想要转过身背对对方？我几乎没有听到过有人在做动画的一组镜头时讨论这类的问题。我们并不去谈论节奏是怎样的，潜台词是他们为什么要转身。

即便是奥斯卡，我认为《鲨鱼故事》中的人物威尔·史密斯对于人们来讲也太虚假了。他被表现出是一个老练而且自信的人，同时他又毫无把握，总幻想着成为更好的人，从某种程度讲就是个骗子。但我总觉得当他和人讲话的时候他应该试图躲避他们，所以在他讲话的时候他会完全别过头去、看看四周，而不跟他们有什么眼神接触。所以后来当安琪从情感层面直面他的时候，他承受了当头一击——他曾是个很糟糕的人。当他卸下伪装的时候，他会看着她的眼睛。

所以对我来说，必须要早一些做决定来创作他的动作，这样他会有特定的表现，但一定要在最初就都安排好。我刚刚在想怎样能在这个人物的性格基础上让他变得更有趣一点，在他的动作中要怎样把这些感觉表现出来。当我在制作动画人物的时候，我会尝试去想自己生活中遇到的人和我所经历的事情。所以在制作安琪时，我会想当我和某人在吵架时候的状态和情形，我会观察当我说了一些很蠢的话的时候，其他人的表现是什么样子的。然后我会把这些个人经验带到我的

动画之中。

您对初步涉足这个领域的学生有什么建议吗

你们一定要把自己想成演员或者是表演者，忘记电脑的存在。一定要去学习，并且要用发生的一切事情让自己变得独特，我认为那些事可能会是使你们具有的其他的知识和见识。大量地阅读，读与世界有关的书、读历史，走出去和各种各样的人交流，去享受所有的事情——哪怕是生活中的不顺。生活中总会有不顺心的地方，它们也是生活的一部分，尽你们所能用积极的方式去化解它们。这样当你们制作动画的时候，可能会将一些独特的经历带入其中。

以前在迪士尼的时候，午餐时会有些小的表演，一般我会展示巴斯特·基顿（Buster Keaton）、查理·卓别林（Charlie Chaplin）和哈罗德·劳埃德（Harold Lloyd）。我个人很喜欢无声电影（又称默片），但是我从他们三人身上发现的最有趣的事情是他们每个人创作的方式都不同，并且在各自的方向上都非常成功。所以那不像是谁完全抄袭

谁。事实上哈罗德·劳埃德在早期曾试着模仿查理·卓别林，但是并没有奏效。所以他相信他应该去寻找自己的个性特点，去创造自己的动画人物造型，来讽刺当时在生活中所发生的事情。许多的动画作品都是这样，说起来也可以看作是一种讽刺。

在这种电影中，我认为抓住了情感特征就抓住了关键，这并不是钳制人们的言论。通常我们对于这种特性的影片所做的努力，就是我们想要展示给人们，让他们了解到什么是故事的叙述。我们尝试表现的是当他们在生活中遇到问题和困难时，应该如何去应对，也努力为年轻人提供引导。就像当你们在某种特殊状态下应该如何度过。许多电影确实是这样，在某种程度上是关于道德的童话故事。你们可能不会喜欢作品中反派角色的所作所为，但是一定要试着去了解他为什么要这样做，这样也是在理解人们的行为活动。这些做法通常都有童年时期的影响，可能是什么人让他们觉得很坏很不好，然后他们想要报复等等。

我们可以看一下布拉德·伯德（Brad Bird）在《超人总动员》（2014）中所做的。里面的坏人是个想要得到人们拥护的人，他想要成为一个超级英雄，并不是去帮助人们而是得到自己应得的荣誉。我们都知道，有英雄就需要有坏人，他们的出现是为了有不好的方面，然后关于道德与美德的故事就可以进行了。故事总有两方面，不好的方面就是我们不应该做的事情，好的方面就是正确的事情，通常这类影片都是这样设定的。

消费动画的确解释了我们为什么要做它。就我个人而言，它是在讲述人物的故事，如何将人物很好地置入在整个道德故事中，以及我要如何用我的才能去完成这个人物。如果你们不喜欢研究、对人物性格和个性不感兴趣、也不愿意努力勤奋工作，那我觉得这个领域不会适合你们。很多人觉得做动画赚钱很容易，于是做了这一行。如果他们从工作A到B之间换来换去，他们可能会有一份不长久的工作，但是我不能确定他们会在这个产业内支撑多久。

我认为CG现在正处于一个人人都可以使用软件的时代，一些小孩子甚至可以自己在家做出很棒的动画短片。有一次在演讲中我说过，他们中一定会走出动画界的贾斯汀·比伯（Justin Bieber），一定会有一些孩子在人物的表演和故事的叙述上有异于常人的天赋，然后他们会和几个朋友一起制作出成本并不高但是十分受欢迎的影片。你们要怎样和他们竞争？要我说，就是站到表演的角度，做出非常强大的动画作品。

在每一章中，我都会列一些要去做的事情作为总结。这些事情可以帮助你们加深在这一章中我们进行讨论的话题的理解。第一件事呢非常简单，那就是看动画。从一个设计师的角度去看你们最喜欢的动画。通常将声音关闭会更有帮助，因为这样会迫使你们只单纯地从视觉方向去分析理解它。观察人物是如何被设计的，它的设计又是怎样影响到它的行为动作的。创造的形状和形式又是如何在视觉和情感上传达含义的。

如果是一部计算机动画，就尽量忘记它是在3D世界内创作的，把它当作一幅所有事物都是呈现在平面内的画来看。另外在观看的过程中，我希望你们可以一帧一帧地看一些快动作的镜头，里面有一些我们将在第六章中提到的别出心裁的技法。留意里面的多肢体运用、渲染画面、动作轨迹线、交错安排等。如果你们是用电脑观看，那就把这些地方截屏下来作为以后的灵感来源和参考。我同样也非常希望你们可以看一些使用的技术更普遍的传统动画。下面是我推荐的一些动画，它们对于这些技法使用得十分充分。

我首先推荐的是The Dover Boys of Pimento University（1942），这部影片的涂抹画面非常得明显，我发誓你们一定会被震撼到。《好莱坞百变猫》（1997）是一部兼具华纳兄弟的嬉皮和迪士尼的优雅的精良影片，里面有大量的多个肢体和涂抹的应用。第三部是《阿拉丁》，流畅的精灵动画，里面同样有大量的多肢体运用和扭曲——精灵身上的最显而易见，阿布身上也有。我希望你们可以找出一个阿拉丁被扭曲涂抹的例子。最后呢，所有的华纳巨星总动员系列和特克斯·艾弗里德动画都是优秀的动画范例。一帧一帧地看其中的动作表演，你们一定会觉得特别地惊叹并从中获得灵感。

第二章
动画制作规划

开始一个新的画面可能是一件既兴奋又有些担忧的事情。兴奋是因为这是一个崭新的开始，是一个创造传奇的机会。另外，我们是靠制作动画来谋生，这难道不酷炫吗？担忧是因为这可能是一个让我忙得焦头烂额也没办法处理好的镜头，然后导演会看到我有多么得笨拙无能。在我的了解中，很多人都存在这样的害怕心理。在开始之前先去规划你们要做的镜头，哪怕是窝在床上的时候，也可以去设置想象一下画面，这些对于防止后期出现问题有很大的帮助。直接使用Maya软件进行制作也可能会做得还不错，但这也就像擦边球一样是一种几率。

但是一个动画师如果想要每一次都做出很棒的镜头，不能仅仅靠机遇巧合。需要在做一个关键帧之前先做好规划，这将决定了做出的是一个高质量的镜头还是一个还可以的镜头。我已经从事动画行业10年了，大概制作了20分钟的动画。而我最满意的只有这二十分钟中的两分钟。这两分钟的画面在被导入到Maya中进行制作之前，都包含了不同程度的规划。提前规划并不能保证你们能做出一个很完美的镜头，但是它会大大提高成功的几率。导演，或者说从根本来讲我们的观众，他们应该看到我们所能做到的最好的作品。所以进行"规划"这个步骤是我们的职责。

规划是尽量扩展出不同的选项，通常结合了速写稿和真实动作的参照，然后从中选择一个最佳方案。在这一章中我们会带着对卡通动画的尊敬，来讨论那些用于做规划的方法以及你们的作品是如何从中受益的。这本书主要涉及到动作力学，不过我们会讨论动画表演以及它和卡通动画师是如何相关联的。最后我们将进入到包含在本书中的影片——《可爱猫相亲》的动画规划中，看看它的初步创作是什么样子的。

速写稿

速写稿是便于在短时间内画出很多开放式想法的简单绘画。对于任何动画的表现，动作都是非常有用的工具。但是当我们制作一个夸张的动作时，速写稿带来的最显著的好处是什么呢？卡通动作的整体定位就是比生活中幅度要大，将自然和现实夸张化。速写稿的其中一个强项就是当你们运用右脑时，它们会自然而然地努力将你们的想象力解放出来。这样可以将你们从现实与自然中解放出来，然后得到一些更原始更有娱乐性的想法。正因为如此，在规划一个卡通镜头的时候速写稿是很好的尝试。

很多动画师会先看参考视频，然后据此画出速写稿。但如果直接以速写稿作为起点，会使你们的画面达到完全建立在想象力上的状态。不要有顾虑，直接去做，然后扩展你们的想法。如果你们面对一张白纸觉得无从下手，那我建议在你们下笔之前先闭上眼睛，让整个画面在脑海中播放，想象他们的姿势和动作。在这个阶段，不要评判你们的想法，因为你们一定会受到陈词滥调、固有思维习惯的束缚。最好是把它们从大脑中赶出来，简单地将它们写到纸上，以帮助你们不再去想它们。尽量多地在整张纸或者更多的纸上画满速写稿。米尔科·卡尔（Milt Kahl）是迪士尼的一个动画大师，他会将一个想法画出一打不同的选项，然后选一个最满意的去表现它。通过仿效大师，我们也可以做得很好。

2.1 动作引导线
这张出现在蓝天工作室出品的《霍顿与无名氏》中霍顿的图片，是一个非常合适的夸张的卡通动作的例子。我们可以很清晰地看到动作的引导线贯穿了他的身体然后延伸到腿，在姿势中营造出一种流动感。

2.1

线稿

尽可能在绘制过程中保持最简单的形态，不要添加过多的细节。我建议不要绘制面部，除非你们绘制的画面是一个近镜头或者正在绘制表达面部表情。也不要绘制手指。不要让任何没有用的东西影响你们绘制速写稿。我比较喜欢将速写稿用线条来表现，用线条画人物是最基本的、几乎人人可以做到的事情。最重要的一点就是简洁，你们不需要用太多的线来表现你们的想法。

我大多数的速写稿都是围绕着动作轨迹线——这条想象中的辅助线贯穿整个人物并且表现出人物的动作。除去这个人物处于笔直站立的状态，通常这条线是一条c形曲线或s形曲线。然后我围绕着这一条线添加构建人物身体的其他部分：一个圆圈代表头部，两条向下的线绘制出身体的两侧，然后继续向下完成腿的部分。如果人物的两臂不是同时垂在身体两侧或者同时向上高高举起，我一般只用一根线来表示两条手臂。减少绘制的线条不仅仅提高了绘画的速度，更可以因此更好地感受到人物动作的流动性和连贯性。当然这也很大程度上避免了画面出现分割感，使线稿在进行转变的过程中更有节奏感，也更流畅、融洽。

棘手的任务

让速写稿有充分的表现力，尽可能地夸大人物的动作，去尝试可以将动作的线条做到多深的程度，去发现、探索可以将你们的想法进一步推进的灵感和机会。在创作中，想象力是唯一的限制，所以不要只局限在绘制现实中可能存在的速写稿。翠迪鸟硕大的头部使它看上去不太可能飞得起来，但是我们并不会在它扇动袖珍的翅膀并且飞起来的时候去质疑它不符合现实常识。同样，当我们看到威利狼冲出悬崖的边缘然后停在半空中，直到它意识到这一点的这个画面，也并不会质疑它不符合重力的理论概念。当它完全不现实的时候，它也就变的可信了，因为那就是管理那个世界的规则。

我们越是接近卡通动画中的现实，越是有可能在创造可信度的危机。创造动画影片，我们要敢于并且乐于去"玩弄"规则和改变规则，这是个很棒的特权，也是个珍贵的机会。

2.2

2.2　速写稿

为了找到表现一个人物的热情的最好方式，我画了一系列不同姿势的速写稿，尝试从观察中想出一些表现方式，比如一个将双臂向上举过头顶一直延伸到空中的姿势。这个过程短到只需要几分钟的时间，但是可以大大提高你们工作的质量。

参考视频

不论是记录你们自己从影片中学习范例的动作片段还是从逐帧的标准上记录动物的行动，参考视频对于动画制作的规划有非常重大的影响。对于很多艺术家而言，这成为他们在关键造型之前对画面进行想象的最基本的方法。他们会将最好的部分剪辑到一起，作为人物动作的备选，也作为动作在物理学上的参照。这将成为一种依赖的特征，是能力比较弱的动画师所依赖的东西。这种特征已经渐渐消失，动画协会现在也将使用参考视频纳入了最有用的工具的行列。米尔科·卡尔对此有很有意思的看法。

如果你们使用真实的动作作为参照，仅仅作为参照的话那会很好。我曾经也是这样做的。我认识使用它的方法就是去尽可能地学习，然后你们就不再需要参照了。

——米尔科·卡尔，迪士尼家庭相册，1984

所以我们要如何在一个动画传奇所说的使用参照和当制作老一套的打破物理规则，做一些我们受重力束缚的身体无法逃避类型的动画中找到平衡呢？为了回答这个问题，我们先想一下怎样能不使用参照，然后带着对零碎动作的探究进行讨论，最后再考虑要怎样有效率地将参照卡通化。

如何使用参照

对于大多数有人物的动画，尤其是以人物为主体的卡通动画，不去使用参考视频的方法就是完全模仿物理上的动作。然而当动作是完全仿制于现实生活的时候，有一些东西会不太对。我认为主要原因是因为当作用到动画人物身上时，现实动作对于时间和空间的平衡会失去一些。如果把动作原封不动地应用在卡通人物身上，可能看上去就会有明显的不协调，毕竟卡通人物应该有卡通化的动作。达到完全写实并不是我们的目的，可信度才是。可能听上去差别很微小，但是两者的差距很大。

2.3　动画制作规划
里卡多·约斯特·雷森迪通过他的规划过程，显示了即使是微妙的变化也可以是很有意义的。请注意在速写稿中的轻微变化，以参考视频作为基础，该动作被改进并变得更戏剧化。

2.3

你们能表演吗？

当我们从自己的记录中来选择动作时，我们必须残忍诚实地看待自己的表演能力。一定要时刻记住，动作的基础来源于我们的表演，只有原始素材足够好，动画才会好。我在参考视频中看到过一些非常吸引人的、搞笑的原创表演。同样地也看到过很窘迫、差强人意的表演，几乎所有我自己的视频都是这样的。

一部分呢来源于经验，你们表演的越多，在镜头面前也就越适应。带有自我意识的表演，一般来讲都很差。但在整个组织系统中，一些人在使用笔的时候比在镜头前表演的更好。即使这些人处于这样的情况，我还是坚持记录，参考视频是有极大的价值的，可能会有一些真的非常惊人的惊喜，一些你们平时创造不出的选择。另外它也可以作为一个想法的出发点，有其他人来帮助你们的机会。无论是在工作室还是教室里，总会有在镜头前收放自如、并且非常愿意来帮助你们的人。同样的你们的家人也一定会有人愿意。在你们的朋友圈和家庭中肯定有精神亢奋的人。

让动作趋于卡通化

卡通人物也是有包袱的，在数十年的动画中他们已经具有了特定的应该具有的行为和动作。并不是说我们被特定的动作描述所束缚，还有无数种不同的动作类型等待我们去探索。我们不想仅仅将想法局限在可观察的事物中，一直使用平淡的行为也是一种风险。我们要谨慎一些，不能过多使用参考视频以至于它们控制每一个动作的选择。

要避免这种情况的发生，我建议先将视频筛选一遍，找出其中有叙述性和比较极端的动作。把他们进行截屏然后在截屏图上作画，将动作的精华提取出来进行夸张变形，然后就得到了一个核心想法。一旦得到这些，先将参考视频放一边，借用蒙在上面画的图来创建新的原创又搞笑的速写稿，用不同的方式来表现同一个想法。

最理想的结果是，你们会将左脑的信息思维转化到想要创新探索的右脑思维。这个转化会带来许多非常有趣的想法，并且为使用Maya软件打下坚实的基础。

2.4　进一步推进动作
这里还有一个里卡多·约斯特·雷森迪的规划例子，这一次我们要展示他是如何将在视频中捕获的动作向卡通方向转化的。如果你们想要了解更多里卡多的创作过程，可以阅读本章中他的访谈记录。

2.4

动画表演

当说到卡通动画的规划时，大部分时间我们都在考虑身体力学和人物应该怎样符合物理规则地运动。那是本书中的一个基本关注点，现在我想要花点时间说一说表演以及它在卡通动画中扮演的角色。动画师被称作是用铅笔表演的演员，不过在这个电子时代，可能被称为用鼠标表演的演员更为合适，虽然这会呈现出两种完全不同的画面。我们虽然创作的是不需要用奥斯卡级别的表演定位自己的动画类型，但并不代表不应该重视表演。

无论任何类型的动画，都是将生活渗透进艺术之中。为了表现一个有生命的事物，需要有思考和感知的能力。这样就需要表演加入，同样也是我们如何和观众进行有意义交流的方式。为了更好地理解动画表演，我们来想一下通常和动画相伴相随的表演风格，我们可以怎样让人物变的更丰富有深度，还有一些陈词滥调的表演的例子。

夸张的表演

动画表演在白兰度时期之前是一个困扰。意思是马龙·白兰度（Marlon Blando）普及了体验派表演，从而表演出现了一个巨大的向自然、细腻方向的转折。在他给影院带来极大影响之前，表演走向了很粗陋的用手势动作来示意的趋势，剧院也差不多是这样的情况，舞台上的演员需要让后排也看到。即使这样也还是有例外，例如马龙·白兰度动画通常被定义为类似查理·卓别林这种风格的表演，观众也大多可以接受。

动画人物的卡通设计让我们有了更多的自由，可能对于观看者也有了更大的期待。清晰地表演并不意味着过度地表演。当唐老鸭陷入愤怒之中时，是很明显和夸张的，但并不虚假，是因为它有着不稳定的性格，出现这样的表现很正常。所以在诚实可信的同时一样可以做到夸张，这全部都取决于那个人物是谁。

2.5

2.5 查理·卓别林
作为一个充满热情的动画学生，我在一个辅导员的建议下转向看查理·卓别林的作品——为了学习。他有创意的、聪明的点子和他开阔的哑剧表演风格，一直是想要单纯通过动作来和观众进行交流的动画师们的灵感源泉。

2.6

2.6 马龙·白兰度
将表演提升到了一个新的、成熟的高度。动画看上去似乎更适合接近剧场表演，而不是白兰度所普及的现代体验派表演风格。

创作人物造型

许多动画师会将"人物造型动画师"作为他们在动画事业中的称谓。那到底是什么意思呢？是因为我们只做人物的动画而不做道具和环境的动画吗？我认为应该比这要复杂得多。当我们需要创作一个动画人物的时候，需要知道这个人物是一个有生命、会呼吸的个体，他有独一无二性格和显著特征。

就像我们远远地就能仅通过他/她走路的方式认出一个熟悉的朋友一样，这个动画人物也应该具有个人的、可辨认的特性和特征。虽然人物物理上的特征会影响到他们的动作（他们是高、矮还是胖、瘦等），这个人物是谁也同样会对行为动作有很大的影响。在大多数作品中，人物是谁通常已经由导演或造型指导提前决定好了，你们的任务就是为人物选定好符合他们的表演和动作。

在你们所负责的动画中，哪怕是一个短片或者只是学校的一个动画考试作业，你们都会有更灵活的操控权利，一定要好好利用这一点，在做规划的时候对动画造型的选择要深思熟虑。为人物创作一段背景故事或者历史，是个不错的主意。还有个好建议就是从你们认识的某个人身上入手，可以是一个疯狂的叔叔或者是广为人知的某个人。细微地窃取是没问题的，但是一定要创作你们自己的人物造型并且尽量避免大众认知。

2.7

约翰尼·德普（Johnny Depp）在《加勒比海盗》（2003）中对杰克·斯帕罗船长这个造型进行改进的时候，是可以选择符合人们潜意识中对于海盗的认知——在每一次转身的时候都发出咕噜声，但是这样会一直在其阴影下并且太重复了。相反他选择将他的行为设置在基思·理查兹（Keith Richard）——著名的滚石乐队吉他手的基础之上。他自己是这样说的：

我阅读了有关18世纪海盗的资料，觉得他们和摇滚巨星有些相似。所以我就想，"谁一直是摇滚界的巨星呢？"是基思·理查兹。

——洛杉矶时代周刊？2003，"迪士尼首部不适合十三岁以下儿童观看（PG-13）级别的影片，从此不再纯真无邪。"

约翰尼·德普找到了一个独特的海盗形象，并且因为它，创造出了难以忘怀的表演。这是超出生活的表演，人物角色也是夸张的，但它仍然令人信服。再重复一遍，在规划镜头之前要首先想好人物是谁，设定的越详细，做的时候就会越好。人物的设定对动作的选择和规范有非常大的影响。

2.7　加勒比海盗之聚魂棺，2006
约翰尼·德普作为杰克·斯帕罗船长的表演，很大程度上模仿了传奇摇滚吉他手——基思·理查兹。这个有趣又有创意的决定显示出了他对于表演选择的独到眼光。©2006 Disney

陈词滥调的表演

虽然特定的动作被过度的使用，但有时候为了表现你们的想法，可能只能是从这里面选择动画来画。例如我曾经做的一个画面是人物正在回忆以前的事情，我对自己发誓一定不要用那个思考者的造型。我

最终想出了一个完全不同的动作并且为自己没有重复特定的动作而感到特别的自豪。然而几天后，总监告诉我需要用那个思考者的动作。我一开始还对此表示抗议，但是想到那个镜头时间很短，我必须要迅

速地交代清楚人物正在思考，而思考者的动作刚好能做到这一点。这个例子足以说明有时候我们必须要用这些动作，不过通常来讲，避免这些既定动作总是好的。

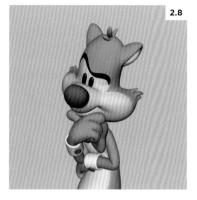

2.8 思考者
因罗丹（Rodin）的铜制塑像而广为人知，这个动作会出现在人物陷入沉思的时候。添加用手指摩擦下巴的动作，以表明思虑更深。

2.9 好主意
向上竖起的手指＋向上挑起的眉毛＝好主意。等同于在人物头顶放置一个亮的灯泡。

2.10 指向
和好主意的动作相似，用手指指在你们想让观众看的事物的时候非常有用。

2.11 初次鼓劲
初次鼓劲是一个会让观众总结"我不能再做你们的朋友了"的自己、为自己加油庆祝的动作。

2.12 扶手臂
扶手臂是在表现羞怯，有不安全感的时候用到的姿势。对于女性角色而言，这个动作和将头发披到耳后的动作一样被过度使用了。

2.13 W形造型
因看起来形状像字母W而命名，在当人物觉得对什么事情感到不确定或者动画师不知道该用什么姿势的时候这个造型非常有用。

2.14　摸脖子
在《人猿泰山》（又名森林王子）中巴鲁摸脖子
的动作非常出彩。但在这之后这个动作被用了太
多次，从而失去了最初强烈的感受。

2.15　听
"快听，我听到了什么！"那是观众们哼出的
声音。

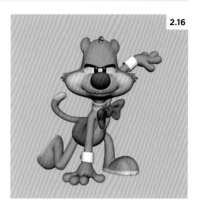

2.16　三点式站立
三点式站立在动作大片中出现得比动画中要多，
无论如何，如果用双数的肢体着地看上去就不太
流行。

2.17　荣誉瞬间：下眼睑抽动
因为这个动作只限定于下眼睑，下眼睑的抽动不
太能算是一个姿势。不过当人物感到震惊或者疼
痛的时候通常也会出现这个现象，所以还是值得
一提的。

TIP　动画学习

我听有的人说我们不应该学习动画电影，应该直接到源头——去
观察生活，换句话说就是我们的作品应该影射生活。我赞同一定
要从生活和生活经验中创作，但我同样认为我们应该学习动画大
师的作品，学习他们是如果破解我们现在所遇到的挑战的。

学习画画的时候，临摹大师的画作并从中学习是很普遍的现象。
我相信对于动画来讲也是这样。他们的作品中有许许多多值得我
们学习的东西。永远都不应该将模仿作为自己的目标。所以我不
能接受缺少这一种学习的方式。一定要注意，我们看动画不是为
了学习内容或者有可以用到我们自己作品中的想法，而是学习技
法技巧，看看他们面对挑战是如何解决的。所以一定要看动画！
一帧一帧地去学习、去发掘别出心裁的处理方法，然后激励自己
创造出更好的作品。

里卡多·约斯特·雷森迪

里卡多·约斯特·雷森迪是一个从网上动画学校毕业不久的动画指导，他的作品被纳入了他们的动画展示之中。他是一个自由职业动画师，并且已经参与了多部作品的创作，包括《抢劫坚果店》（又名坚果行动）（2014）主题大片和非常有创意的交互性的短片电影《有风的日子》以及Buggy Night等。他和他的妻子、儿子生活在巴西。他带着对参考视频、速写稿和一些2D动画的投入和应用，创造出充满灵感启发的作品。我们现在来和里卡多谈一谈关于他做动画制作规划的过程。

您的动画作品总是非常有表现力、带有漫画讽刺。您是如何做到的呢？您的灵感来源又是什么？

嗯，我非常享受将动画电影制作成卡通风格的过程，这样会唤起我对于一些老的动画和一些2D动画电视节目的印象。蓝天工作室在他们的影片中有许多非常棒的小花招。《魔术师和兔子》（2008）是我近期最喜欢的动画之一，它的节奏很紧凑，动作也都制作得非常有力度。《美食从天而降》带有很出色的动画风格，它并不是传统意义上常规的挤压或者拉伸的卡通，而有着严谨的平面化的造型。我很喜欢跟随动画大师的步伐看看他们是如何做的，那对于我的成长也有着非常大的帮助。

我喜欢的漫画表演也同样来自真人动作片。我还记得我的父亲买了很多查理·卓别林的影片，我们全家坐在一起看，非常得开心。仅仅通过身体动作和身体语言表现的搞笑、且有些蠢的表演就像马戏一样，是全家的娱乐调节方式。这种形式的人体语言是表现力的精髓。

像卓别林这样的演员，极具表现力，并且有着非常清晰的态度和个人特征。当然这种电影的出现也有一个原因是因为当时电影技术的落后与缺乏，但我认为当人物不需要通过复杂的相机和精美的对话也可以很清晰地向观众传达出想法和娱乐感的时候，这也就是伟大的动画的精髓。即使现在我们也有像金·凯瑞（Jim Carrey）这样的演员，我记得当我小时候看《变相怪杰》（1994）的时候，被其中的卡通特效所吸引，他在这部影片以及其他影片中的表演也给我留下了深刻的印象。

您能描述一下您是如何做动画制作规划的吗？

我会在我的安排规划中使用所有的工具和方法。我尽可能多地摄制参考视频、绘制速写稿和2D动画——在进入CG之前。这是个很传统、很原始的过程。有时候我先拍摄参考视频，有时候先画速写稿，取决于我对那一个镜头画面的想法。如果镜头时间太长或者更倾向于一个默声镜头，我通常会先画速写稿，看看故事的重点是什么。即使在CG过程中，我也会在Maya播放预览的时候纪录一些参照或者在上面画一些改动来找出更特别的动作。

2.18　里卡多规划中的速写稿
正如我们所见，里卡多·约斯特·雷森迪在动作指导考核中绘制的速写稿里，只有必要的细节被画了出来。就像前面说过的，关注动作的大轮廓，可以便于理解想法，也利于清晰地沟通。

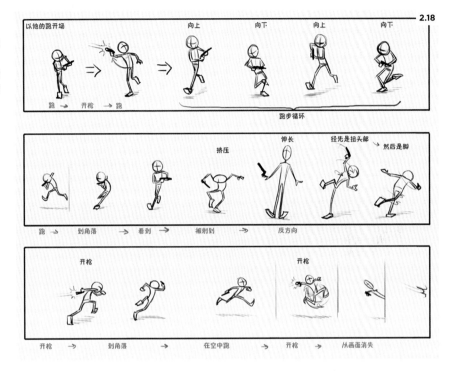

当我设置参考视频的时候，我会尽量像演员一样思考，从外到内的去理解人物角色，来找到人物的内心活动。如果那是个默声的镜头，我会将关注点放在人物的内心戏上，并尝试演出他的内心活动。如果是个有对白的镜头，我会先写出语言背后的想法。这些做法可以帮助展示人物和镜头的隐含意思。我并不是一个出色的演员，不过我觉得作为一个动画师也不需要表演的很棒，但是拍摄参考视频可以很好地帮助我想出一些可以用在动画中的动作。也对后面将参照转化成卡通漫画的动画有帮助。

在拍摄几次之后就该编辑他们了。在这个过程中，我就如同一个真人动作指导一样来挑选其中最好的片段，但是有时候我会有不止一个选择，如果是这种情况，我会从别人那得到一些建议然后选一个最好的。

关于速写稿，我会去挑选能清晰地表达渴望的态度的动作。在这个过程中我通常会反复地问自己："这个姿势是要告诉我什么呢？"或者"这个动作表达的含义是清楚的还是会混淆观众呢？"由于在速写稿这个过程中，通常绘制的时间很短，所以花时间问问自己是很好的经历。在第一次绘制的时候，不需要有太多的细节。在这个阶段，最重要的是动作、节奏和身体部位的流动性。当我觉得有一些动作很好的时候，我会画它们的外轮廓，将整个轮廓进行改进。

在进入CG之前，我通常用Flash做一个2D动画的预览，这样有利于在速写稿和参考视频的基础上有一个大致的总体时间的概念。因为我已经在时间上面进行制作，所以就有了机会在动作上尝试不同的想法。我在这个阶段画的比较草，因为我只想对动画由整体感知而不是看到最终作品。我一般会比较强调动作的轨迹线和动作之间的联系，做一些过渡帧，然后看哪一部分的动作轨迹线会达到效果，这些决定会让我发现哪些动作更有表现力。在这个阶段，一定要推进动作和时间的控制，这样在我进行到CG的时候如果必要的话，就可以很轻易地回过去修改。如果反过来做的话（在CG过程中才推进动作和时间控制的进程）会有很大的困难。

如果时间非常得细碎，那您还能这样逐步规划您的镜头吗？

做不到完全地规划，但我还是会在进入CG之前尽可能地去规划一些东西。我觉得即使速写稿只是在纸上快速地画一些简略的画，但是它还是我做规划最常用的方法。画速写稿是在得到一个构想之后，将想法视觉化最好的方式。

对于规划过程中的其他阶段，还是取决于动画的类型和你们处于什么状态之中。当我的时间很紧迫，而动画类型是写实风格，只选择做参考视频是在规定时间内完成任务的明智选择。不过如果我需要在很短时间之内制作卡通动画，用速写稿来拓展想法或做2D动画预览会更合适。

在我为数不多的制作大片的经历中，我尝试尽快做一个整体定型的预览，这样就可以从导演还有总监那里得到反馈。他们除了Maya的视频预览之外什么都不会看。所以在他们给了我形容他们脑海中想要的镜头的描述之后，我开始画速写稿，然后问自己我要怎样用这些动作表现他们的想法。有时候，当镜头需要有更多的动作选择的时候，我会自己拍摄参考视频，或者当我需要更多的人体力学，我会做2D的预览。当时间很急迫的时候，我很少会两个阶段都做。

当使用参考视频的时候，依据动作和时间的控制，您是怎样决定在将它们置入动画时去推进哪一部分呢？

当你们在参考视频中有一个自己觉得可以很好地表现想法的动作时，你们可以用简化线条的方法来推进这个动作。就像在用人体画完成一个动作——仅仅几条代表了动作的线条就能很好的传达人物的动作或者感受。一定要将这些线条记在脑子里，然后可以在线条和设计的基础上进行夸张的处理。

有一条普遍认知的规定，动作中用的线条的种类取决于人物身上所具有的能量。当人物没什么精神的时候，表演一定是看上去很随意，姿势也一般有更多的S形线条，因为每一个动作都被其他动作所覆盖。但如果人物充满能量，有一个情绪的爆发，动作的轨迹线一定会更倾向于一个单一个弧形轨迹。当身体的一部分受到一个力，那一部分可能会出现一个明显的角度。最后，一定要在这些概念中找到一个平衡点，想一想力是哪里来的，又是去哪里的。

为了将参照中的时间控制进行提升，我一般会找动作加速和静止的时候。一个好建议就是在编辑软件中，将镜头速度提快或者放慢。通常来讲，快动作会有更好的卡通效果，看上去也更搞笑。如果仔细看一下老的黑白动画，会发现里面的动作比现实生活中要快。

在将想法转化进CG的时候，您遇到过什么困难和挑战吗？

第一个挑战就是将动作的轨迹线以及姿势的轮廓从速写稿转化到CG造型，并且让他们连贯起来。如果绑定工具不具有对手臂和腿的弯曲控制也没有关系。关键是关节的位置和转动，要让它处于流畅的一条线。因为速写稿通常不会有躯干的扭曲，所以这是一个难题。扭曲既可以使动作更戏剧化，也可以显示人物的肉体性。

我同样喜欢去考虑网的变形。如果是在一部大片中，网通常会有纹理和光影效果，所以人物在CG空间中要如何变形就很重要。尤其是在我制作很胖的人物的时候，那不是动作轨迹线和扭曲的问题，因为他们通常柔韧性并不好，而是要用压缩和伸长，还要多考虑动作的整体轮廓。

您对想要将作品在卡通方向上进一步推进的学生们有什么建议吗？

要在脑子里记住，每一个动作都会表现出态度，要大胆、动作要大，然后再展示给观众。做动作表演和参考视频来找到这些动作，将它们转移到纸上，找出动作引导线并平面化。画的时候要放得开，去感知动作并且做手绘测试来发掘更多的可能。

永远不要忘记人物的肉体性。利用好规则，但同时也不要畏惧打破规则。对于观众而言，看到一些不可能做到但是感觉上也没有不合适的事情是件好事。从老电影中学习，看演员是如何用他们肉体性的优势带来出色、有趣的表演的。让卡通与现实接轨，会让它更具有可信度。

最后，好好地享受动画的乐趣吧!

从老电影中学习，看演员是如何用他们肉体性的优势带来出色、有趣的表演的。让卡通与现实接轨，会让它更具有可信度。
里卡多·约斯特·雷森迪

逐步演练

为了为本书提供范例，我决定用所提到过的技法创作一些东西。我创作了包含所有这些技法的单一动画，而不是做一系列的动画，每一个都说明一个技法。影片和素材都可以在我们的教学辅助网站上浏览和下载。

以下是动画的背景故事：伯顿先生是一只逍遥自在的猫，将要迎来他的第一次相亲。他非常自信地来到相亲对象的家门口并敲门。当门打开的时候，他微妙的反应显示了他的惊讶。

在动画的规划中，因为要包含所有的卡通动画技能，我坚持使用了速写稿。参考视频的摄制可能不太会用到，因为大部分的动作都是夸大了身体的，在现实生活中不会存在的。图中就是我发展开的想法，包括被遗弃的。我把我喜欢的动作圈了起来，作为表演的基础。

我想说的是，就算是最好的规划和动画师也会有迷惑的时候，并且在制作过程中，总是在不断变化修改的。大多数的变化都是由评论来的。对于你们也是如此，你们的同事、导演或者总监会找到一种好的方法去交流沟通。一些修改可能会很消耗时间，尤其是在后期时出现的。但这很正常，所以要预料到会有变化的出现并且要想那会是最好的想法。

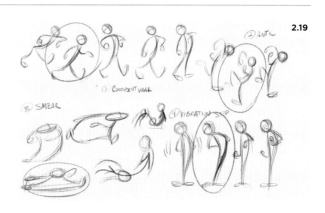

2.19 伯顿先生到达时的动作
该速写稿都是关于伯顿先生在到达房子时的动作。觉得让他走几步，停下来，期待然后停止脚步进行涂抹的这种方式，要比让他径直走到门口更有意思些。

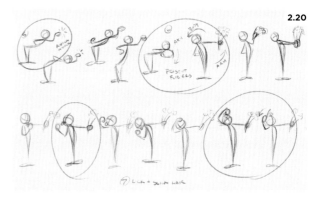

2.20 伯顿先生献花的动作
这是伯顿先生为了敲门献花，先舔了一下爪子然后将头发向后面捋了一下的动作。我觉得这样画会很有意思，因为这确实是猫会做的事情。

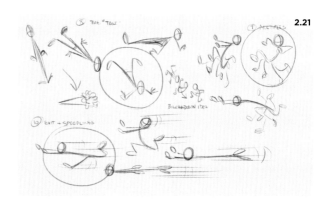

2.21 迅速逃走的动作
最后我们用特克斯·艾弗里的风格做一个交错安排。我还用多重肢体来表现混乱，还有动作轨迹线表现他逃走之快。

做做看

伯顿先生已经在等待你们将他变为现实了！不过，就如这一章所讲的，动画在你们进入Maya制作第一个关键帧之前就已经开始了。最初的起点是规划阶段，用来形成想法，并且在脑海中把所有选项过一遍的阶段。我希望你们可以跟随我的步伐，去制作你们自己的动画镜头。那可以是和什么相似的东西，或者是完全全新的东西。

伯顿先生可能是被打开门后他所看到的迷住了；或者他可能非常害羞，敲完门之后就迅速地躲到了房子后面，露个脑袋看是谁开的门；或者伯顿先生是在做什么别的事情——这些都取决于你们自己的想法。不论做什么，一定要想的非常非常大。并不是说长度很长，可能你们会想要让它短一些，而是在风格和故事上要放开。夸张，是动画中的一个关键原则，它区别开了动画和真人动作，所以我们要将夸张的感觉带入作品中，好好利用这一特性。

你们不需要做很复杂的规划，甚至可以只花半个小时的时间去拍摄点参考视频或画一些速写稿。无论如何，这些是值得花费时间的。不管你们是使用参考视频还是速写稿或两者皆有，或者是完全不同的别的什么，一定要花时间想一想你们的镜头，这会在最后有效地节约时间，并且会增加你们做出出色的、自己满意的作品的几率。现在就开始吧，去想那些天马行空的想法，然后就像我在过程中引导你们走过每一个阶段一样开始创作。

在你们做好镜头的规划后，我们会在下一章中开始在Maya中制作伯顿先生的动作。

第三章
姿势测试

现在你们已经可以开始制作动画了！在你们手中有规划，并且带着无限的渴望，要开始为你们的虚拟人物设置关键帧，给他带来生命。本章会将重点放在动画制作的第一步，姿势测试上。

姿势测试到底是什么呢？简单来讲，就是利用一个测试来看你们的造型动作可不可行，是不是能很好地传达出你们想要和观众交流的内容。它是基础的、讲述性的动作，不需要有你们的想法。对于大多数镜头而言，它就仅仅是一组动作。在姿势测试中，你们不会涉及到对口型、头发、服饰之类的东西，有些时候你们甚至不用去考虑手的摆放，并不是拖延，手的动作一般需要你们迅速不断地重复，所以没有时间去添那些不必要的细节。在反馈的基础上，你们可以通过这种方式在作品上做很大的改动。这个过程通常也适用于作为定稿——同样的东西，不同的说法。我比较喜欢用构成测试的名字，因为它的描述性更好并且有追溯回以前二维时代的感觉。

无论你们怎么称呼它，这可能是过程中最享受的一个部分，你们会看着你们的人物有了生命。在这一章中，由于你们已经开始制作动画了，我们会讲解一些需要记住的重要东西，尤其是它们涉及到卡通类型的动画。

预备场景

在我们制作第一个关键帧之前，需要先做一些准备工作，准备好文件夹，并且想一想我们的工作流程。所以先来确定一下我们开始的方向是正确的。

首先先来看关于参照的工作，备份有用的东西对卡通动画有什么作用呢？当然没有。它是一个产业联系，如果你们没有做过，还是要做一下的。当人物不在文件夹中而要出现在场景中的时候，我们就需要用到参照了。不同与打开一个人物文件然后在文件上开始制作动画，我们为人物创建一个新的文件夹和一个参照文件夹，在保持两个文件夹分别独立的情况下，才可以对人物进行创作。所有在人物文件夹中的改动都会在你们每次打开动画文件夹的时候被更新到动画文件夹中。这样做的一个好处就是多了

一层保护，即当你们在用动画文件夹的时候，不会不小心删掉一部分绑定的地方。第二个好处就是可以对文件夹的大小进行控制，因为存储的数据只是动画的数据，而不是人物绑定。因为文件夹很小，所以不需要在硬盘中占用很多空间就可

以在工作的过程中反复存很多文件夹。我强烈建议你们多存储几个重复的文件夹，因为我真的见过许多学生损坏了无数个文件！所以怎样为人物绑定一个参照呢？很简单：单击文件〉创建参照，保持默认值即可。

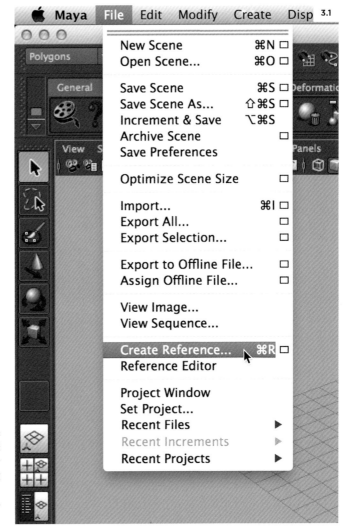

3.1 参照
在我工作过的每一个工作室里，都是用参照来将有用的东西添加到场景中。即使是相机也可以用来创建一个参照，以防止相机或者编辑的动画被意外删除。当你们自己应用的时候，一定要将这个练习作为预备场景的一部分。

锁定相机

我在第一章中提到过这一点，不过它是值得详细叙述的。当在计算机动画的场景中将人物改来改去的时候，很容易想到人物和世界都存在3D空间中。随着近期3D电影的问世，这个想法又进一步被加深了。当在做范围更广的卡通类型的作品时，最好还是将自己隔绝在这个想法之外。渲染画面是一个2D的平面，就像画在纸上的一幅画（也是我们作品的根源），它跟3D一点关系都没有。即便你们是在做一个立体的作品，左眼和右眼营造出3D的幻想，根本上来讲还是在平面画布上做的作品，因为双眼分别看到的图画的差别是小到可以忽视的。

为了将2D思维的优势发挥到最大，你们需要锁定带有渲染功能的相机。在制作作品前，这个是已经设定好的，从故事设定部门得到用可剪辑的相机做的镜头是几乎不可能的。但当你们自己工作的时候，一定要在开始制作镜头时先设定相机。在键入一个动作之前，先将相机调整好以适应在环境中的人物。然后一旦你们找好了满意的位置，就将相机锁定。

棘手的任务

作为教过许多学生的老师，我有很多次看到学生在制作3D动画时，当作没有相机存在一样。这样可能会达到某种特定的效果，比如电子游戏动画，但如果做的是电影，这样的做法是在毁灭自己。即使它看上去像是解放了，但是带来的影响是相反的，它会束缚你们的思考，限制你们想出有创意的点子的能力。将相机锁定可以很好地帮助你们用2D来思考。但是你们还是需要将人物翻来翻去才能完全操控人物的绑定，所以创建一个同时能看到渲染相机和透视相机的工作流程是个好主意。除了演示之外，我没办法想出一个更简单更实用的方式来帮助你们的大脑用一种新的模式进行思考。锁定相机简单地不能再简单了：在频道盒中拉出并选择相机频道，右击，在弹出的菜单栏里选择锁定选项。

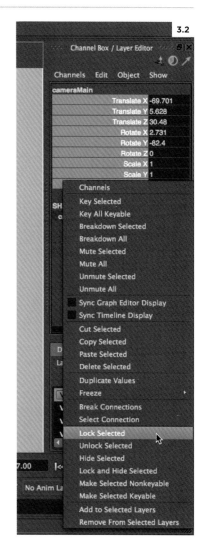

3.2　锁定选项

锁定相机是非常快的，在制作动画的过程中，你们可能会觉得相机需要稍微调整一下以达到更好的效果。但这不是一直不锁定相机的理由。在需要情况下，可以先解锁它，进行调整后再次锁定。

打破绑定

因为我们只涉及到通过单镜头显示出的画面，所以要打破绑定的空间，去创造一些非常精彩的画面。我不是说将绑定打破到不能使用的程度（虽然也可能发生），而是为了达到想要的效果需要做的事情。

极度变形、集合穿透、失去平衡的姿势和折断的关节，通常被作为标准。举一个我个人的例子，在《达菲狂想曲》（2012）中，我制作了一个镜头，这个镜头很像马特·威廉姆斯的风格，是达菲鸭从一根绳子上优雅地飞旋而下的镜头。然而在渲染相机之外，达菲鸭仅仅是很优雅。为了增加更好更深的感受，在达菲鸭下降的时候，先是脚朝向相机的方向，我将他的脚大小扩大到至少是正常大小的两倍，所以在画面中他的脚要远远大于身体的其他部分。为了再次加大3D的效果，我将达菲鸭的躯干拉长了至少五倍，以使他的头部和身体的上半部分在画面中显得更小。在相机中看这个画面是完全没有问题的，但是在其他的角度来看，只能看到达菲鸭被完全破坏了。这种错觉只能通过打破绑定，并且只通过一个相机来实现。

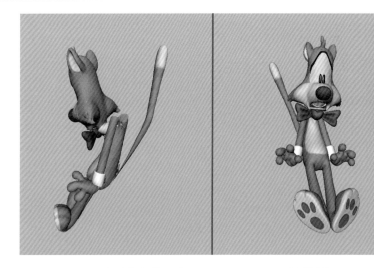

3.3

我们需要通过对绑定做一些必要变换，来创作出想要的自由的动作。只要镜头在相机中看着是对的，那它就是对的！用这种方式进行创作可能会给一些艺术家带来不同程度上的焦虑，但是你们一定要对你们的动画人物残忍一些，要去把他们变形扭曲成各种样子。不用担心，他们最终总会恢复的。

3.3 打破的绑定
当我通过透视全景相机看的时候，伯顿先生已经被破坏了。不过他的破坏是有理由的——为了在渲染相机中得到夸张的造型。要勇于做所有会让你们得到想要的姿势的事情。

制作流程

选择什么样的动画制作流程，是由每个人的工作习惯决定的。不过一些特定的制作流程会有一些明显的优势，尤其是处理卡通动画的时候。迪士尼的大师们在制作动画的12条原则中也不遗余力地提到了它。其中的第四条是连贯动作法与关键动作法，描述了两种绘制动画场景的方法。

关于连贯动作法，就像字面意思所说的，只需从起点开始制作，然后连贯地向发展方向继续制作。而对于关键动作法，你们不需要做成连贯的系列镜头，可以是从第一个动作开始，或者从最后一个动作开始，或者干脆从中间的某个地方开始。选好并设定好这些动作之后，你们可以再回头去填补它们之间的空缺。在动作与动作之间绘制过渡画面，然后再继续在两个画面之间绘制过渡画面，直到把所有的空缺填补完成，使动作流畅而紧凑。

在计算机动画中，这两种方法依然在使用，但是因为软件可以提供更大的伸缩性、适应力，我们可以去配合使用它们，然后探索出最符合个人使用习惯或者是适合我们想要做出的动画类型的方式。下面我会详细说一下在计算机动画中常用的三个制作流程以及他们和卡通动画之间的联系。

分层动画

分层动画的根源是连贯动作法，我们从最初的场景开始制作，然后向后延续。最基本的不同是，我们不会同时制作整个人物造型。对于大多数动作而言，我们会先从人物的根做起——控制身体的驱动，然后再分别进行制作，创建基本动作。比如在走路的循环中，我们会先将人物的根向前移动，只关注单一轴上的变换（通常是Z轴），直到人物走出屏幕或者停下。也要注意到，在这种方法中使用的切线类型通常是曲线尺。这样你们就可以整理时间轴，去看每一帧的动作。

在做好人物向前的动量之后，需要制作上下的动作，以表现走路时的起伏。你们需要继续制作走路的循环，制作人物根的外围的东西，向前移动脊柱、手臂摆动等等。在做的过程中将动作分层。这样制作的一个好处就是听上去符合力学，意思是大多数的动作都是由臀部发出的，所以动画中的物理学是符合标准的。这种方法通常评价为可以创造出很美的、流动的动作，而没有关键动作法那样的感觉。早期时，分层动画在皮克斯动画中被广泛使用，这是一种很古老的学院派计算机动画制作方法。

当布拉德·伯德带着他的传统动画背景加入皮克斯动画工作室，指导创作《超人总动员》（2004）的时候，对将造型作为基础的制作流程有很大地推进，但无论是在皮克斯动画工作室还是别处，仍然有大量的动画师使用分层动画法。我在这个世纪的转折点开始了我的动

3.4　曲线图编辑器：分层动画法

分层动画法会在曲线图编辑器中制造出让人看了就焦虑的混乱，这对于动画而言，是一种系统的、具有逻辑性的方法。尤其适用于在软驱位上制作重叠动作。

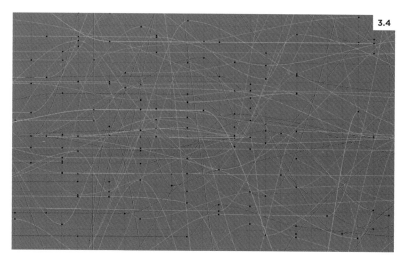

3.4

画训练，那时候这是事实上的动画标准。反对这种制作方式的理由之一就是对于许多导演而言，只有在整个动画快要完成的时候才能知道镜头看上去是什么效果，这样太难了。如果你们看到的只是一个人物造型，以T字姿势在屏幕上滑动，是很难去评判什么。而且这种方法有时候不能实现变化和修改，因为没有清晰的姿势可以让我们知道哪些要留下，哪些要弃置。

现在分层动画已经不再是通常使用的制作方法了，大多数动画师都已经适应了使用关键动作法来制作动画。依据它在更卡通的动画中的应用，它甚至不再普遍，因为太多的卡通动画都是建立在强有力的造型姿势上的。所以一定要用以造型为基础的制作流程的。不过我仍然会在合适的时候使用分层动画法。我在华纳巨星总动员短片《大土狼与比比鸟》（又名歪心狼与BB鸟）（2010）中有一个比比鸟的镜头，是它骑着一辆赛格威（一种电动代步车），将绳子套在兰博基尼上，它在后面被拉着走。因为它的动作是受赛格威影响的，所以我先制作赛格威的动作，将变换分层，然后移到车子的转动上。然后我再制作比比鸟的动作，将他的动作从臀部向外分层。我还用分层的方法制作了牵引的绳子的动作。

分层对于"软驱动"来讲很好用，比如绳子、头发、耳朵、尾巴、衣服之类的，当这些东西的重叠动作叠加在主要动作之上时，可以更好地被看出来。在这种情况下，我会把这些部分留到最后当人物被初步完成之后再回过来制作。我也会从物体的基础开始，然后连贯地向最后的控制方向制作。比如，如果我要制作一条尾巴，我会从尾巴的基础开始，关注臀部的动作以确保尾巴是拖在后面在动，然后我会制作这条链上的下一个关节，一直到顶端。这些制作就像是蛋糕上的糖霜，由于大多数难度大的工作已经完成了，我可以放松下来，听听音乐，享受这个过程。虽然分层动画法对于卡通动画的作用不能立刻显现出来，它还是值得去尝试和体验的。有时候，它也会是最合适的制作方法，尤其是在制作软的物体的时候。

成对复制

这个技法源自于动画中的关键动作法。最基本的描述就是复制每一个动作，然后在变换之前一直保持这个动作，所以被称作成对复制。如果你们在使用阶梯切线，那可以尝试这种方法，因为阶梯切线的性质就是在下一个关键帧之前没有东西移动。所以大部分使用成对复制的动画师都会用平顶式切线。平顶式切线不会像样条切线一样产生过量的现象，用成对复制制作出的是完全静止的姿势。这是一个能尽早确定作品的时间控制的好方法，因为你们会知道动作要保持多长时间，还有姿势与姿势之间的变化速度。

不过在使用这种方法时，需要避免两个陷阱。第一个是这种方法自然而然的会有关键动作法的感觉，可能会使动画看上去不自然、太呆板。除非你们在制作的时候避免这种现象，不然完成一个姿势的时候，这个姿势会完全静止不动。你们要确保动作中是有放松的空间的，并且要在动作上增加重叠使它看上去更自然。使用这种方法的一个好处就是，卡通动画现在有越来越姿势化的趋势，所以对此还是很有包容性的。另外一个陷阱就是当使用插入在关键帧之间的切线的时候（根本上讲，除了阶梯切线以外的切线），倾向于不花费过多的心思在制作有效的过渡帧上，因为人物在姿势与姿势之间已经移动了。

我们会在第四章中讲解过渡帧，过渡帧主要做两件事情——规定弧形轨迹和决定什么引导、什么跟随。Maya并不善于做这两件事，所以这是你们的任务，不是Maya的。如果你们在重复播放动画的时候看Maya在姿势之间的插入添写，那么看的越多，便会变得越不客观，且可能会很轻易就觉得"已经足够好了。"如果你们还没有尝试过使用成对复制，那快去试一试，不过要留意那两个陷阱。这是在制作卡通动画时非常有效的方法。

3.5　曲线图编辑器：成对复制

成对复制的曲线图很干净整齐，可以让后期的剪辑变得更容易。这一点在需要重新计时的时候尤为明显，因为你们可以很清晰地看到静止姿态和变换。

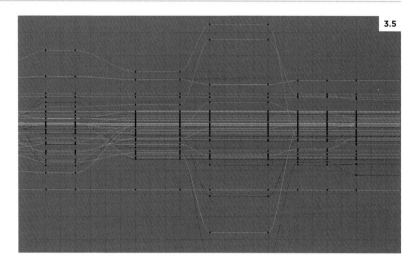

3.5

阶梯切线

阶梯切线并不是这种制作流程的理性的名字，只是描述了为了动画曲线而使用的切线，不过它是一种特别的切线类型，因为不会插入到关键帧之间。这个制作流程是等同于传统动画制作中关键动画法的计算机动画制作。它是制作一个动作，然后制作下一个动作，在之间添加一些过渡帧，然后在Maya软件的帮助下把其余的缺口填满。

这种方法是最受欢迎的制作流程类型，尤其是因为它和卡通动画有关联。为什么呢？可能是因为它植根于2D，因为阶梯切线产生你们在绘制独立的画作，然后直到画下一幅时才会有变化的幻觉。它也善于控制像我一样不想过早地将主导权交给Maya的怪人。这也是一种很清晰的制作方法，无论是不是要动，人物的每一个部分都会被键入，以便打下了一个清晰、便于剪辑的基础。另外在曲线图编辑器

中，也没有密钥补偿。

所以关键是什么呢？听上去就像它全部都是彩虹和蝴蝶一样，不过大部分的确如此！即便如此，我还是对它有一些偏见。不过我坚信当创作卡通类型的风格很开阔的动画时，这是制作的最佳方式。然而在用阶梯风格制作动画的时候，自然而然地就想要跳跃式前进，并且会导致过度圆滑，结果就会造成一片混乱，因为动画可以在所有姿势中自由进出。因为阶梯切线很自然地就会产生一个保持的姿势，一旦你们转用其他类型的切线，这些保持的姿势就没有了。关键就在于要对这种情况有规划，使用成对复制或者在最后的姿势之前用一个缓出姿势（我们在后面讲到过渡帧的时候会进行补充），防止过早地形成过度圆滑。控制好局面，并且确保设置了足够多的关键帧，以预防混乱的出现。

你们一定不想犹豫不决地设置

关键帧，每一个关键帧都应该是有明确目的的。不论是一个讲述性的姿势、一个极限表演、一个显示了弧形轨迹的过渡帧还是变换中的重叠动作。要关注每一个关键帧，确认它们是必要的、经过深思熟虑的。阶梯切线的目的是尽可能多地掌控我们的作品，这样就不会完全交给Maya来做了。

即使我很推崇阶梯切线的应用，在这本书中的例子也是应用这个制作流程的，但并不意味着你们可以全心全意的只靠你们自己。Maya的魅力就在于它有无数种方法，可以做到你们渴望做出的结果。我们经常听到一句话：过程比结果更重要，但在动画制作中，结果是最主要的，无论你们通过怎样的过程去制作，最终的目的都是要将作品呈现在屏幕上。所以去尝试、发掘尽可能多的制作方法，在你们制作动画的过程中，带有个人风格的制作流程也会渐渐形成，最终找到最适合自己的方式。

3.6 曲线图编辑器：阶梯切线
阶梯切线充满了美感，在曲线图编辑器中它们就像是通往天堂的阶梯。不过，除非你们规划键入每一帧，不然这些阶梯最终会被转化为斜线。如果你们有足够多的关键帧和过渡帧，便可以大大减少这种情况的发生。

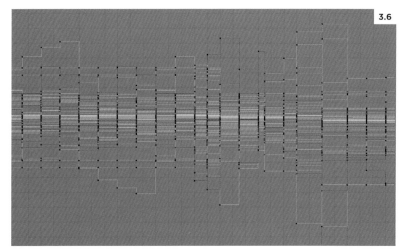

万向节死锁的世界

虽然在本书中我们提倡像2D动画师一样去思考，并且也基本展示的是2D制作流程，但还是不能忘记我们是在一个3D、数字的环境中进行创作的。数字有时候也会给我们制造麻烦，其中最主要的大麻烦就是万向节死锁。用通俗的语言来解释，万向节死锁就是当两个轴重叠的时候，第三个轴就无法自由转动了，也就是被"锁住"。我们在这一章和后面讨论动画过程中不同部分的内容的时候，会说到解决这个问题的方法。不过现在需要指出的是，无论你们选择哪一种制作流程，都一定要注意人物的转动部分，尤其是通常会转动很大角度的部分，比如身体的控制、头部、胳膊、手腕和脚腕。如果你们想要从一开始就避免这个问题，可以双击旋转工具，然后在工具设定中选择"平衡环"。这样你们就能看到每一个旋转频道都在如何运动，并且能

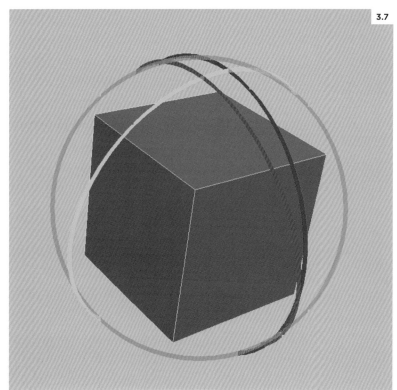

避免动画制作中万向节死锁状况的出现。

3.7 平衡环模式
我非常喜欢使用原始的旋转，因为这样可以很容易地将物体摆好姿势，但是这也是会出现万向节死锁的一个原因。通过这张图我们可以用平衡环模式看到万向节死锁是如何发生的：旋转的X轴和Z轴几乎重合了，这样当我们使用样条曲线的时候，一定会出现问题。

TIP

创建一个全选按钮

创建全选按钮是个非常基本的操作，但是我惊讶地发现，很多学生在制作动画的时候并没有为他们的动画人物创建全选按钮。当用阶梯切线一个姿势一个姿势地制作的时候，一定要确认每一个姿势的每一个细节都被键入到了人物身上。这样在曲线图编辑器中会很整齐干净。更重要的是，它确保了人物的每一个部分都锁定到了一起，在做样条曲线的时候就不会出现人物的一些部分因为没有被键入而肆意散落分布的情况。

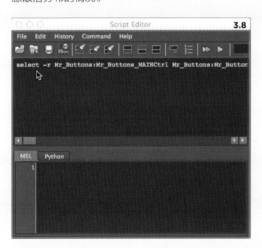

有一些动画制作设备带有图形用户界面（GUI），这个界面通常包含了能选中人物身上所有控制器的全选按钮，非常得方便。但是对于不带有这个界面的设备，自己创建一个也是一种很好的练习。所以应该怎样做呢？先要打开脚本编辑器，选择视图>总编辑>脚本编辑。或者你们也可以在Maya界面中单击右下角的脚本编辑图标，打开脚本编辑器之后，选中所有人物身上的控制器，然后在脚本编辑器历史纪录（上面的版块）里会出现一行以"选择"开头的字样，选中这一行，然后按住鼠标左键拖动到你们的工具栏中。如果需要选择脚本类型，那就选MEL。一定要注意，你们选择的是人物的控制器，而不是人物的关节或者几何结构，因为它们可能会在键入的时候破坏绑定。

3.8　全选

这张图显示了我在Maya脚本编辑器中，选择了全部的人物控制器时的输出界面。为了创建一个按钮，选择文字，然后用鼠标左键将它拖动到你们的工具栏。

姿势设计

姿势是动画中叙述故事的基础。虽然通常大部分注意力都会放在动作以及将动作制作的更有表现力、更可信上面，但是故事是通过那些安静的造型来讲述的。就像创造许多经典迪士尼影片的导演哈姆·卢斯克（Ham Luske）说的：

创作的姿势的好坏决定了动画的好坏。你们可能会有好的时间控制、好的动作表演、好的连贯性，但是如果姿势不够有力和切合主题（讲述故事情节），也不会做出出色的动画。

——引用自埃里克·拉森（Eric Larson）关键动作法和连续动作法动画（Pose-to Pose and Straight-Ahead Animation），1983

姿势是对于想法和感受的视觉展现，所以它需要去支撑这个想法或者感受。我知道这听上去可能有一些难懂，但你们可以通过做一些练习、使用一些技法来帮助你们创作出既有表现力，又可以很好地传达内容的姿势。

剪影

我们在第一章中提到过，如果画面中没有光，你们可以按7键使人物转换到剪影模式显示。同样的你们可能也要将场景隐藏起来，使人物变成一个平面图形。这个小技巧非常地有用，它可以帮助你们看出当离人物有一段距离或者只是匆匆一瞥的时候，这个姿势能不能被清楚地认知。很多时候一个姿势可能只会持续很短的时间或者就一秒钟，所以确保你们想要表达的内容能够被清晰地表达出来是很重要的。需要注意到的一点是，当人们使用这项技术来进行总结的时候，有着将姿势制作的远远大于现实生活中的姿势，夸张到极限的趋势，以至于人物的四肢都处于开放空间之外。我们的目的是表达清楚，而不是牺牲掉真实性。

举一个例子来帮助你们理解如何在保持真实情况下使用剪影来进行制作，我们来想象一下我们在观察街对面的一个人：他正在人行道上走着，向一个走在人物和观察者之间的具有吸引力的行人倾斜了一下帽子。当他用胳膊倾斜帽子的时候，如果我们选择他离相机近的胳膊，那变化不只是他的胳膊挡住了脸（从相机镜头的视角），而是胳膊的大部分会消失在剪影中；若他用另一条胳膊可能会更容易摆放这个姿势，这样胳膊就是在剪影之外了。注意一下，我们并没有减少姿势中夸张的程度，让它比所需要的更加符合现实规律，而只是简单地通过一种摆放它的方式来得到更清晰的剪影。

我给学生布置的一个练习是完全用剪影来制作一个动画短片，看看是不是能被看懂。除此之外，他们也不能添加任何声音或者对白来帮助理解他们的想法。这样就会加强剪影的重要性。这是个很有意思的挑战，但是剪影不应该仅仅只是应用在一个试验性的测试之中的。定期地使用剪影的方式测试一下你们的姿势是不是足够清晰，还有没有其他更好的姿势。

3.9 里约大冒险，2011
大嘴鸟拉斐尔将它的两个翅膀张开，向空间中延伸的姿势是个完美的剪影，显示了它开放、喜欢社交的性格。即使布鲁的翅膀紧紧收拢，它的剪影形象也不仅仅展示了这是一个鹦鹉形状的平面图形，它的头部向后靠，表现了它的紧张，这也是我们在整部影片中看到的它的个人特征。

3.9

相对的直线与曲线

相对的直线和曲线的应用是为了产生对比，避免身体的各部分过于对称的一个设计原则。比如一条胳膊，如果胳膊的每一部分都是向外弯曲的曲线，那看上出可能就像一串香肠，不会有表现力。同样的，如果所有的线条都用直线，那就会有机器的感觉。如果胳膊的一侧使用直线，另一侧用曲线，这种对比就会带来更有表现力的形状。

在姿势中综合使用直线和曲线会创造一种很好的平衡，但要如何做到呢？这些大部分都取决于人物的造型设定和关节的柔韧度。例如，我们可以得到一些柔韧的控制，现在大多数的关节，包括胳膊中部或者腿部的控制都会控制人物那一部分的形状，这样我们就可以弯折那一部分。稍稍弯曲胳膊或者腿可以得到直线和曲线的组合，也就便于进一步增添表现力。有许多学生的动画作品中将这些使用过度，以至于看上去就像橡皮管一样，影响了人物骨骼结构的完整性。这可能会符合某种类型的动画或者某些人物的设定，但对于大多数动画而言，哪怕是宽泛的卡通动画，合理地使用这种控制可以作为使人物姿势柔和的方法。

3.10

3.10　卑鄙的我，2010
格鲁漂亮的剪影姿势是一个很好地应用直线和曲线的例子，直线和曲线的应用也为这个姿势增加了精妙的表现力。

相对的简单和复杂

和使用直线和曲线来在人物的身体内部达到形状的对比类似，"简单和复杂"描述的是一个形状或者一组形状的外围轮廓。如果你们的人物是一个骄傲的姿势，胸脯挺起，头和手臂向后，那身体前侧的形状就会是一个很好的弧形；身体的另一侧因为有手臂、头部之类的细节，外轮廓的形状就会更复杂一些。

上文中说的骄傲的姿势就是简单和复杂结合的一个很好的例子。通常在人物运动的过程中，简单和复杂的对比会更清晰。在动作中，通常人物前部分的边缘会更清晰、简单，因为身体的部分都是向后面移动的，因此后面的边缘就会比较复杂。无论人物是处于运动还是静止状态，使用这个方法都可以使人物的姿势更富有表现力。

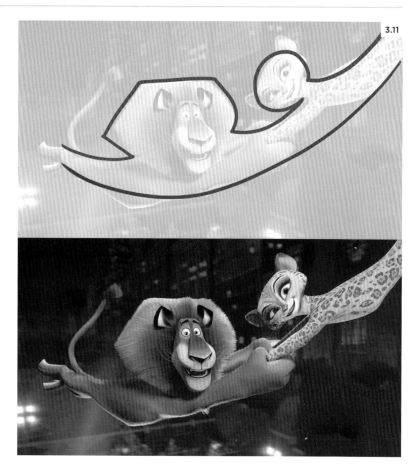

3.11

3.11　马达加斯加3：欧洲大围捕（又名欧洲通缉犯），2012
在马蒂和吉雅身上，我们可以看到一条连贯、清晰的动作轨迹线。注意一下人物前方指引性的简单的边缘和人物后方更复杂的形状的对比。

预备场景

姿势设计

有原则的动画

访谈：
马特·威廉姆斯

逐步演练

做做看

动作轨迹线

动作轨迹线是贯穿整个人物的一条无形的线，营造了动作的整体感和连贯性，通过这条简单的线可以传达很多的信息。我们先从直线说起，如果这条线非常地竖直，会表现人物很严肃、一动不动。如果人物正在被发射进太空，会有许多的动作，但是同时，他的身体也会非常地笔直。水平的直线也是一样的，人物要么就是以非常快的速度移动，比如被炮弹击中了；要么就是完全静止，平躺在地板上，这是两种极端。相对来讲，斜线通常表示动作，因为它很不稳固，有失去平衡的感觉。这些全部都来自一条简简单单的线。对于大多数姿势而言，动作的轨迹线都会是弯曲的，来表示身体或紧张或放松的部位。我们一般会希望这条线越简单越好，通常是C形或者是S形，并且要避免强烈的转折，因为这样会破坏线条的连贯性，让动作看上去有些脱节。

在有了这条线之后，创造一个夸张的姿势就变得十分简单了，因为我们可以通过拉曳线的弧度来让这条线变得更夸张。相反的，也可以通过将弧形推回一些来得到更稳重的姿势。我通常会将姿势推进得比正常情况下更多，所以经常需要稍微修改得缓和一点。这样做的原因是可以更明显地观察动作轨迹线，围绕着它来建立姿势会更加容易，也更容易制造出动作的动感和流动性。如果需要进行修改，我觉得将姿势直接推回去要比过后再修改更简单。在练习中，因为动作引导线是姿势的基础，我会先从主要身体的控制开始，让它尽可能和动作引导线相吻合。然后我会以此为出发点向外进行制作，制作脊柱的曲线和头部的倾斜，然后继续向上添加。

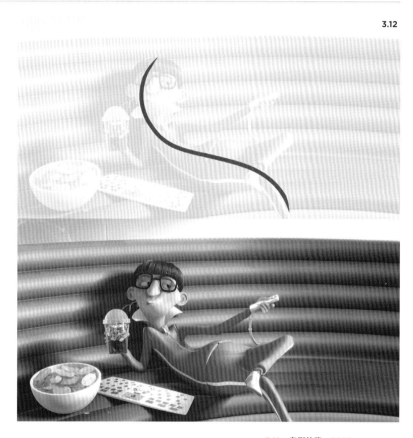

3.12

3.12 卑鄙的我，2010
我们可以看到一条S曲线贯穿了格鲁的对手维克多的身体，他正斜靠在自己的巢穴中。

头、肩膀、膝盖和脚趾

在之前的部分，我们讨论了创作姿势的时候需要考虑的一些整体设计原则。现在我们要进入到更详细的部分，也就是如何摆放身体的不同部位。

3.13 大卫，米开朗基罗·博那罗蒂，1501-1504

大卫像是对立原则的一个很好的范例，他的躯干和臀部向相反的方向扭转，为姿势增加了重量的感觉。

脊柱

因为动作的轨迹线是贯穿整个身体的，所以在很大程度上它代表了脊柱的曲线，同样可以将躯干和臀部的扭转放置在这条线上，与之垂直。正因如此，躯干和臀部通常会向相反的方向扭转。例如，如果你们的臀部向上倾斜、左边部分向前转动，那么你们的躯干通常会向下倾斜，并且左边向后转动。只要你们找到了其中一个的转动方向，就能轻易推测出另一个是如何转动的。就这么简单！意大利人创造了一个很有意思的词语来形容这种情况：Contrapposto。Contrapposto的意思是"对立"。

所以躯干和臀部永远都是对立的吗？大部分时候是这样的，不过也有例外的时候，如果人物的脊柱是S形而不是通常的C形，那么躯干和臀部的角度会更趋向于一致。这会作为使用任何技法的提醒，不要盲目地去应用。你们不是一个乱按按键的麻烦制造者，你们是个艺术家，所以要用发展的眼光去做最好的选择。

3.13

3.14

头部

　　头部可以跟动作轨迹线成一条直线，也可以跟它相对，为姿势增添一些对比和平衡感。大部分头部的转动是基于头部和脖子最上方连接的地方，而不是脖子的底部。脖子底部的动作通常是向前或者向后。自己尝试着转动一下头部和脖子，感受两者的转动幅度。在卡通动画中，我们有打破常规的自由，但还是要尊重骨骼结构，让我们的人物更符合现实一些。多留意自己的身体能做到的运动幅度会很有帮助。在我们保持一个姿势的姿势测试中尤其是这样。如果一个人在静止姿势中看上去是被破坏的，那这一定是有问题的，因为观众会注意到这一点。在过渡帧中我们会破坏骨骼结构，这就是另一件事了，我们会在第四章提到它。

3.14　霍顿与无名氏，2008
在这个画面中，无名市长的头向后并微向一侧倾斜，和他的躯干形成了对比。注意，这个扭转几乎都是在头的底部进行的。

3.15

肩膀

通常肩膀是被忽视的部分，但是不应该这样做。肩膀相当于身体的眉毛。再读一遍这句话，然后离远一点观察，想一想这句话的意思和这个定义的意义。我希望我可以给说出这句话的人颁奖，因为这句话说的实在是太好了。肩膀的放置可以很大程度上传达人物的感受。通过肩膀我们看出一个人物是紧张还是放松。使用耸肩的动作可以表现出人物感到很不确定，也可以表现出人物是不是觉得不安或者羞涩。也可以用耸肩后迅速提起来表示愤怒，或在降下的时候表示冷漠或得意。正如我们所见，在创作姿势的时候，肩膀是需要被考虑的很重要的一部分，一般是同步进行的，最基本的动作就是提起、落下。也可以前后运动，不过这一般只出现在手臂在同方向上弯折得很大的时候。一定不要忽略肩膀，要记住，肩膀相当于身体的眉毛。

3.15 功夫熊猫，2008

在《功夫熊猫》的这个画面中，所有的人物都提起了肩膀以显示警觉，除了蛇，因为它的骨骼结构不允许。观察肩膀是如何一前一后作用的，通常情况都是这样。

3.16

手臂和腿

    关于手臂和腿，通常动作轨迹线都会携带这两个或者其中一个，所以不需要考虑要怎么摆放它们。在不是这种情况的时候，我觉得最有帮助的就是流动的概念，我从人体绘画课上学到的东西。当我们想到流动的时候，通常会想到水，当水流动的时候，它就像没有阻力地沿着轨道一直流。为了避免摆放四肢的时候过于僵硬脱节，我们要怎样将这种特性转化到摆放姿势中呢？这并不是说我们不能在方向上有很大的转折，手肘和膝盖都会经常弯曲的很厉害。就和水一样，它也会因为环境的变化出现很突然的

转折。不过这里有阻力，一个很急的角度会带来压力，有时候这可能会是想要达到的效果。它更像是一个使所有的部位很协调并且互相支撑的方式。这种创作方法会带来链接感，让人觉得身体的部位是作为一个整体在运动的。

    在芭蕾舞者的姿势中，我们可以很清楚地看到这一点。如果看上去太柔软、情感化那就回到相对刚硬的动作轨迹线上！在制作中可以出现多条动作轨迹线。比如你们可以创建一条贯穿两条胳膊的线。同样的，当整个身体都充满流动性的时候，所有的身体部位都会结合在一起，平和、协调地运作。

3.16 精灵旅社，2012
德古拉的动作包含了多种使姿势更有表现力的方法。注意一下他的手臂和贯穿其中的动作轨迹线，它们营造出连贯、流动的感觉。

手腕和脚腕

和手臂、腿一样，流动的概念也可以被应用在这里，尤其是在处理一个很放松、懒散的姿势的时候。当你们想在流动性的情况中，添加压力或者对比，我的建议是要遵从人物的骨骼结构，避免看上去被破坏了的感觉。

动一动你们自己的手腕，我们可以围绕着和小臂相同的轴转动，也可以向上向下抬起、压下90度。但是当我们平行向左向右倾斜的时候，最大一般只能达到30度左右，超过了这个限度，看上去就会觉得被破坏了。脚腕也是一样的，动一动你们的脚腕并观察它的运动范围。我经常在学生作品中看到被破坏的脚腕，尤其是在人物蹲下的时候，脚平平地在地面上，脚腕超伸到90度以上，超过了绝大多数人的正常限度。在这种案例中，需要转动踝骨来帮助分担一部分重量。

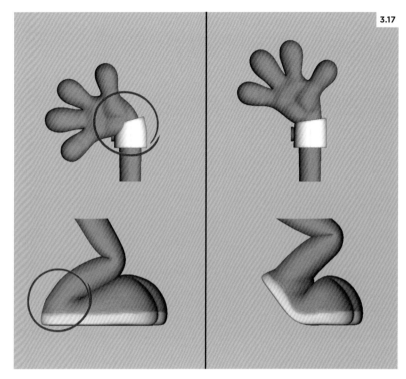

3.17　被破坏的手腕和脚腕
这张图展示了被破坏的手腕和脚腕的例子。在我们为人物摆姿势的时候，一定要遵从骨骼结构。在快速转换和快动作中，一切都会不一样。

手指和脚趾

接着我们要说到的就是手指和脚趾。出于对人体学的热爱，避免乒乓球拍一样的手。乒乓球拍一样的手是什么样子呢？那是一个手指直接伸出来的、偷工减料的手的姿势，就像一个乒乓球拍。学生的作品中几乎全部是这样的手，我看得都要抓狂了。花点时间看看周围，如果周围没有人，就看看你们自己的手。注意到什么了吗？他们永远不会有很难看的姿势，现实生活中的手看上去总是非常好看。手指会有很柔和的弯曲弧度，它们也很少完全并在一起以相同的弧度弯曲，一般会存在递减的规律，食指是最

直的，小指是最容易弯曲的。

手是非常重要的，它们对于表现人物的感受有相当强大的表现力和传达能力，但是它们也通常在动画制作中被忽略，被放置在比较不重要的位置。我认为导致这样的一部分原因是因为摆放好它们很有难度，也很花费时间。我非常理解，在手上的控制通常要比身体的其他部位多很多，摆放它们确实需要时间。所以一般都会很快地将姿势测试做好，然后在导演初步通过之后再来制作手的部分。不过至少将所有的手指归于控制器，为它们添加柔和、放松的弧形来避免乒乓球拍手。

3.18　精灵旅社，2012
卡西莫多的左手非常富有表现力，在这个姿势中有一些扭曲，和德古拉搭在乔纳森肩膀上优美的手指形成了对比。

3.19

面部

这本书的内容主要是关于默剧表演和肢体动作，所以我们不会涉及到面部表演和嘴唇。不过说到卡通动画，还是应该提一下的。很多的面部动画制作都是使用分层的方法：先制作眼睛，接着是眉毛，然后是下巴的开合，然后是嘴角等等。这也是我通常用来制作面部动画的方法。

不过也应该提到基于姿势的制作方法，尤其是用到挤压和伸长原则的时候。当人物是眉毛紧皱、眼睛斜视的时候，会在脸的上半部制造出挤压的效果，这样我们就能

理解为什么脸的下半部也要被压缩了，提高下巴、嘴唇紧闭、腮部向外，制作出一个整体被挤压的面部。这样你们就可以赋予它一些意义，可以把它转化为挑高眉毛、下巴掉下的吃惊的样子，与之前的姿势形成鲜明的对比。这可能是一个非常极端的例子，但是你们可以在处理对话的时候用更精妙的方法。比如在发出M和IB声音的时候可以考虑将面部很小程度地挤压。通常来讲，伴随的发声可以让你们去拉长面部，（注意是极微妙地拉长）这样面部的动画就会整体感觉更丰满。

3.19　美食从天而降2，2013
除了草莓和摄影师之外，这张图里所有的面部都被精妙地拉长了，表现了人物对看到的事物感到惊叹。

有原则的动画

我们现在看一下动画，尤其是关于卡通动画的原则，然后谈论一下它们是如何被应用的。

预备动作

预备动作最基本的定义就是你们会和观众交流接下来将发生什么。通常是在主要动作发生之前，先有一个反方向的小幅度动作，比如在右腿迈出一步之前会先将重量转移到左腿上，或者是愤怒的公牛，在他顶着角冲向激怒他的斗牛士之前用蹄子抓地的动作。在这些例子中，人物的意图被显示了出来，前者更多是物理性的动作，后者更多是思考的过程。

当预备动作出现在卡通动画中的时候，通常会涉及到在主要动作之前的物理性反应。这可以从三个不同的方面考虑：时间的长短、程度的大小和数量的多少。关于时间，简单的来说就是主要动作越快，预备动作就越长。想一想积压怒火的时候，就像被拉上弓的箭，

人物紧张的时间越长，我们会认为他后面的动作越迅速。极端地来讲，如果先有一个反方向的、足够长的预备动作，我们甚至可以得到人物被通过一个特定方向发射然后完全从屏幕上消失的感觉。人物从屏幕上消失后，通常我们还会加一下动作轨迹线和干刷来制造出模糊的效果，在第六章中我们会补充这些技法。

当考虑预备动作的程度和动作大小的时候，通常也有一个原则，那就是预备动作的大小和主要动作的大小应该一致。不过任何时候都会有例外，我们可以享受控制预备动作大小的乐趣。比如我们可以让一个人物奔跑作为预备动作，然后突然开始缓慢地爬行，打破常规通常会带来喜剧效果。

3.20

3.20　美食从天而降，2009
燕瀑岛市长的胳膊向外伸展、头部向后倾斜，这两个动作是要一口咬三个汉堡的预备动作。

最后我们要说到的是预备动作使用量的多少。我们可以为一个预备动作制作一个预备动作吗？当然可以！如果一个人要向上跳起，我们可以在他下蹲这个预备动作之前，先让他的脚踝微微抬起。我们甚至可以无限量地叠加预备动作。虽然大多数情况下只会有一个或者两个预备动作，但是我们可以在肆意使用大量的先行在动作中获得无限的乐趣。但并不是所有的动作都需要有预备动作，如果你们在每一个动作中都添加预备动作，那制作的动画就会变的刻板、无趣。比如扭头，就不是必须要有一个预备动作。简单的缓入和缓出有时候就很合适。

我在学生的作品中看到的很普遍的规律，就是有相反方向的预备动作在过渡帧的时候，落下臀部、将结尾姿势做得很长然后停止。这个过程在所有的动作中一遍一遍重复，让表演变的可预测而且非常无聊。在做预备动作之前要好好思考，一定要做得别出心裁，要一直不断地问自己预备动作应该多长时间？多大程度合适？数量多少？这样你们才能够更好地抉择出有趣的东西。

夸张

夸张是动画区别于真人表演的特点之一。作为动画师，我们的职责是使难以置信变成可以相信，夸张就是其中一个帮助我们达到这个目的的方法。当我们说到夸张的时候，通常都会想把东西变得更大、更宽阔。在卡通动画中的确是这样，比如当人物看到什么东西而变得异常兴奋的时候，眼球都几乎要从脸上跳出来了，这种是对夸张简单的理解。夸张也可以有相反的表现方式，如果我们不去做这个极端的姿势，还可以使人物一动不动只有眼球转来转去，让这个梗发挥最大的笑点。我们可以这样想：如果所有的事情都是重点，那么就没有

重点了。同样的，如果所有的东西都被夸张，那也有没有东西是夸张的了。我们需要有一些针对性，以突出那些重要的片段。

所以我们要怎样使姿势变得夸张呢？如果你们是想让动作更大，那正如在本章开始的时候提到的，关键是找到动作轨迹线。一旦你们找准了动作轨迹线，就可以把它推的夸张一些。不要害怕，大胆地去尝试，看看你们可以将姿势推进到什么程度。从相反的角度来看，可以试一试你们可以多小程度上去移动它，看看这样会不会有更好的效果。不是所有的东西都需要非常得壮观，因为我们需要有对比来产生

有趣的感受。更重要的是，夸张是受人物和故事情节所驱使的，为了夸张而夸张会使表演失去灵魂。要记住，你们的作品是为故事和观众服务的。

3.21　精灵旅社，2012
在这个画面中，我们可以看到盔甲人夸张、放开的姿势和德古拉泰然自若的姿势形成了对比。

3.21

挤压和拉伸

在卡通中，只要人物造型的设定许可，我们就可以随心所欲地对卡通动作进行挤压和拉伸。有一个技术上的小提示，在计算机动画中的最主要的限制，是当绑定没有被设计有挤压和拉伸的时候。最近的绑定技术已经提高了功能性并且可以包容这一点了，这可以很好地满足对于逐渐增加的绑定的灵活度的需求。

当使用挤压和拉伸的时候，要注意我们一般不会希望保持一个极度挤压或者极度拉伸的姿势。最自然的挤压和拉伸来自于作用在人物身上的力，这个力使得人物有所变形。我们来想象一下在地上弹上弹下的球，它在马上要接近地面的时候是拉伸的，并且有着很快的速度，

速度和摩擦使它有一个拉长的形状。撞击为它积蓄了之后显示出的能量，因为它不再向下运动了。在这个例子中，球只在几帧中被挤压或者拉伸了，人类的眼睛不足以辨认出它们，相对于看见来讲，这更偏向于一种感觉。还有一点需要注意的是，在例子中，球的体积是需要保持不变的，当球被拉伸的时候，它的中部会变得更细一点，同样的，在它被挤压的时候中部会变得扁而且更宽。大多数的绑定会自动对此进行分析。不过能够人工控制挤压和拉伸的程度总是好的，更先进一些的绑定技术是支持这样做的。

保持体积不变的一个很重要的例外是制作涂抹画面。在这种情况下，体积不是恒定不变的，因为人

物是模糊的，表现了在拍摄真实动作电影时模糊的动作。我们会在第六章中深入讲解有关涂抹的细节，因为它是很特别的、也很重要的伸长的一种类型。所以当我们建立姿势测试的时候，如果姿势是静态的，而不是夸张的预备动作或者快速的动作，要小心、精确地使用挤压和伸长。因为人物不能在没有强烈的外力作用下自己变得扭曲。不过在制作快动作和强烈的撞击的时候，大胆地使用这一条动画原则，它会让你们的动画人物更丰满、更有生命力，也会增强动画的卡通效果。

3.22

3.22 挤压
随着近期绑定技术的提高，动画师们可以更好地控制挤压和伸长的程度，展示2D制作师在最初就有的东西。

时间和间隔控制

间隔控制并不在动画的12条基本原则之中,并且它的重要性也常常被人们忽视。在我几年前进入到产业制作之前,我从来没有听说过间隔,而惊人的是那时候我已经在动画学校读了四年了!可能是因为那个时候传统动画的概念刚刚开始渗透进我的计算机动画制作流程中。所以我为什么要在时间控制的部分讲到间隔呢?因为这两者有着非常紧密的联系。虽然它们并不是同一件事,并且在最开始的时候它们之间微妙的区别可能会造成混淆。简单地说,时间控制说的是一件东西的移动需要多少帧,而间隔控制是说在那些帧之前有多少距离。我不确定这样讲你们是不是能够理解,或者可能觉得更迷惑了。看一下图3.23中的插图,可能会更

易于理解。卡通动画的时间控制通常比更自然的动画要快。两个早期的华纳兄弟的导演特克斯·艾弗里和鲍勃·克兰派特(Bob Clampett)以让人物快速地在屏幕上通过的方式——有时候仅仅在一帧或者两帧之内,将自己清楚地区分于迪士尼动画中常有的缓入和缓出的方法。即使这种宽泛的普遍方式在更夸张的例子中也成立,卡通的"时间控制"也等同于你们调整间隔带来的效果。

举一个书中动画的例子,伯顿先生在他看到门开了的时候做了一个很快速的反应,按照时间的控制,在预备动作之后,应该需要16帧来使他跳到空中。如果我在那些起止帧的前后制作很柔和的缓入、缓出,那可能看上去不再有卡通的

效果了。不过,如果改变间隔,让预备动作有一个快出,然后有一个较长的间隔,紧接着缓出进入跳起的姿势,这样通过调整间隔,就可以使动画有更卡通的感觉。时间控制也是一样的——是之间的间隔起到的作用。我们会在讲过渡帧的时候对间隔进行更充分地补充。但是现在在你们开始为创作姿势的测试阶段,不需要太过担心时间控制和它是不是足够卡通的问题。计算机动画的一个好处就是,我们可以通过拉动时间轴上的按键,非常简便地改变时间的控制。在我们开始添加过渡帧的时候,关键帧也会继续移动,直到我们找到动作之间的合适时间。

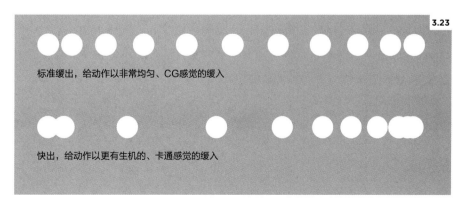

3.23

标准缓出,给动作以非常均匀、CG感觉的缓入

快出,给动作以更有生机的、卡通感觉的缓入

3.23　间隔
如果留心看图中的这两个例子,我们会发现这些球的时间控制是相同的。通过简单地调整间隔,我们可以完全改变它们传达的感觉,使其变得更卡通化。

马特·威廉姆斯

马特·威廉姆斯是一个传统动画制作师，并为华纳兄弟、迪士尼、梦工厂制作动画大片。他也制作一些动画短片，比如《亚当和狗》，这部片子获得过奥斯卡提名，并且是赢得了安妮奖的最佳动画短片。他现在开始使用CG制作动画，所以我们会通过访谈，了解他对于制作人物动画的一些想法以及关于他进军计算机动画的一些内容。

您第一次是如何制作人物动画的呢？您做了怎样的尝试来进入到人物的身体中去了解他的想法？

对于我来说，它通常是由导演开始的，如果导演对于他想要的形象有一个非常强烈的想法，那我会努力进入到他构想的那个世界。我觉得这就是成功制作一个人物动画的关键。如果在某种程度上我可能会更高兴导演没有一个很明确的目标，这样就意味着我可以自己去构想这个人物，自己去构造电影的基调并且使用大量的参考。不过最终，我还是会从最基本的角度去理解导演想要的东西，去想人物应该怎样契合进故事情节中，然后再结合表演的因素从中做决定。一旦你们

设定好了所有的东西，可能只需要几个镜头的时间，那一切就会开始运转了。

您做规划的过程是什么样的呢？您会使用速写稿、参考视频或者其他什么步骤吗？

啊，这个问题问得很好。我知道通常来讲我应该回答我会十分严谨地绘制速写稿，但是我并不常画速写稿。对于我个人而言，我很清楚这样做会限制我的即兴发挥。所以我很吃惊人们一直都在不停地画速写稿。那些既绘制速写稿，还能在他们的作品中保有即兴发挥的感觉的人令我十分佩服。话虽如此，我会在脑子里做规划，我是那种一定要看得非常清楚的人，不知道你们能不能理解？如果我看不到那个画面，那我是画不出来的。我不像格兰·基恩是根据感觉来画画的，他不去看图，而是去感受那种感觉，然后画出来。我可以感受到感觉，但是我画不出来，所以我非常需要视觉上的冲击。

我会有一些关键的画，然后在脑子里排列出镜头。只要我有了主要的姿势，就可以制作出怎样在这些动作上出、入以及考虑到

商业效益的话要怎样去做。所以我需要一个护栏将我控制在规定之内，去想镜头是关于什么，然后在这之内去即兴发挥，找到人物的一些有趣的小怪癖和特点。

这大概就像是迈斯纳（Meisner）和斯坦尼斯拉夫斯基（Stanislavski）的区别。斯坦尼斯拉夫斯基的方法完全是将自己的感受放置在人物身上，比如当动画人物遇到难过的事情时，我们可以想象自己在现实生活中遇到难过的事情时的感受，然后将自己的感情安置在动画人物身上。假如动画人物此时正在思念一位亲人，我们也可以想象自己思念外婆或其他亲人时的心情。不过迈斯纳就是去完全体会那个自然而然到来的时刻。

在这两种不同的风格中，你们可以看到表演的区别，你们做的选择也是完全不同的。当我绘制速写稿的时候我发现这的确是事实。绘制速写稿对于我来说就像是斯坦尼斯拉夫斯基的方法，我会将自己的经历放在人物身上。但是我要注意的是那不是我的经历，而是角色人物的经历，而我也并不是那个角色人物。

所以我会有另外一种比较轻

松的参考，我只需要沉浸在那个时刻之中。所以在草拟一个镜头的时候不仅仅是不能被打扰，而且要完全专心、投入其中，因为这是在创作没有规划过的非常酷的画面。所以对我个人而言，这是我会使用的方法。不过对不同的镜头而言是不一样的，如果那是我从来没有接触过的东西，我会比平时画多一些速写稿，因为我完全不知道要怎样开始在脑子里构想。有时候看到的一幅画也可能是一个创作的起点，但我还是要说我百分之九十的时候都不会绘制速写稿。

当您还在CG领域的时候我非常享受与您一起工作的时光。您的经历是怎样的呢？

CG作为一种本身的媒介的时候我是喜欢它的，并不是说要做得超真实，而是在做的时候通过它善于做的事情去做。我不想完全列一些条条框框说这些就是它能做的事情，因为任何艺术形式都有它自己不受限制的形式。个人来讲，我更喜欢手绘的动画，当我制作CG动画的时候，总会觉得我和人物之间有距离感。这非常奇怪，因为当我完成CG制作

的第一个镜头的时候，我记得我在渲染和润色之后看到它，我期待感受到那种属于我的感觉，因为它没有经过其他艺术家之手，它被做出来，然后播放，然而我什么都没有感受到。真的是毫无触动。

所以您认为怎样能帮助建立起沟通感呢？是工具吗？还是仅仅是因为它是在电脑里？

我是一个强调触觉感的人。即使是在手绘动画中我也不喜欢使用数位板，或者传统动画制作软件，因为对于我来说最大的魅力就在于画在纸上的画。在计算机动画中，我觉得我从来没有接触到人物。我非常欣赏的一点是很多CG片子里都有手绘的工作人员，所以那种细腻感觉会更多地被显现出。但在创作手绘动画的时候，我们会是一个设计者，即便我们没有刻意去设计人物造型，但是还是会创作出非常出色的画作。而在CG中，如果摆不好姿势，不能去制作，因为如果胳膊不能举过头顶，那这个创作就是失败的。

有许多你们可以尝试的有创意的事情，但是一定要控制在破

坏绑定的范围内。因此我总是会感到很挫败，因为我永远不能像我所希望的那样在CG中得到手绘一样自然而然的绘画。所以我觉得，那一定是它的一部分，但我觉得翻动纸张也是有感觉的，它们在我画上东西之前什么东西也没有。所以那就像是你们赋予创作以生命，当它完成的时候，你们会有一种拥有感。我不知道其他的东西要如何与它做比较，但是我不喜欢CG，我觉得它创造了一些太过整洁的东西。虽然我很开心迪士尼稍稍回到了最初的起点，在他们的动画中争取更有表现力的设计和人物，但是我真的不喜欢它。我不能像热爱手绘动画一样热爱它。

是的，我觉得这里令人鼓舞的趋势，不仅仅关于摆放人物的姿势，是设计姿势，我觉得这还是有些吸引人的。我猜从您的观点来看，拥有设计感、有画出富有表现力的画的能力，但是不能将这种美感直接应用到CG人物身上是挫败感的来源。

是的，通过这种方式，我会摆好人物的姿势，然后当我要润色人物的表现力的时候我会失去

一种绘画工具，然后只能在上面添加。我觉得在这种完全没有任何表达的现有模式中做推推拉拉这样的事情，然后再试着得到我想得到的效果实在是太难、太煎熬了。我可能会稍稍达到那种状态，然后我只能画在上面。有趣的是，你们的模型会一直与你们已经画下的部分保持互动——比如你们可以画下一个与模型的眼睑完美协调的部分。

您也在加州艺术学院教过动画，结合您作为一个专业动画师的经历和教授学生的经历，能不能为想要进入这个领域的学生们提一些建议呢？他们要如何使自己在这个充满竞争的行业中出类拔萃呢？

这是个不太好回答的问题，因为这完全取决于学生个人的敏感度。我知道有许多动画的狂热粉丝，但我们需要退一步，先审视一下自己。我们都喜欢格兰·基恩还有他所说过的成为一个艺术家，但是我们真的在那样做吗？我的意思是我们真的会将电影着眼于一种艺术形式，与主流文化相悖吗？我也知道最主要的事情是：它有娱乐性吗？但这又真正意味着什么？

当我从它们的方式去想娱乐的时候，我会想到一剧院的人都在笑。但那对我来说不可能是娱乐的全部含义。一句俳句不是娱乐，但是是很高级的艺术，并且有许多抽象的想法，是完全有价值的。所以我觉得我说的都是将电影作为一种艺术形式来钻研。并且在这个过程中，你们的想法和选择是会改变的，因为这不仅仅只是看一些伍迪·艾伦、索菲亚·科波拉（Sophia Coppola）或者是泰伦斯·马利克（Terrence Malick）的电影，而是他们为什么要这样制作电影？如果你们不能理解，那就再看一遍，真正地去分析它。当你们真的开始进入到电影的世界的时候，你们会看到很不一样的东西。

当考虑到表演的时候，在动画中的所有表演基本是一样的，在罗伯特·德尼罗（Robert De Niro）的电影《好家伙》中有一个时刻：他对一件非常惨痛的事情做出的反应，他并没有动，而只是凝视。对于那个人物，全部都是内心活动。当考虑到他的反应动作，或者缺少一个反应动作的时候，要关注到核心问题也就是他为什么要选择这样处理。我觉得这在学生的作品中大大地缺失了。在《亚当和狗》中，有许多我们没有过度去解释的地方，

那是故意的。我记得有人曾经批判里面的狗，说他不确定狗的性格是什么样的，我的反应就是"噢，噢，噢，你们是通过了一个完全不同的模式来看待它了。"你们是在以看迪士尼电影的角度来看这部片子。这就是一条真实的狗，它没有明确的性格或者是感受，它只是跟着亚当，因为亚当是按照神的形象来创作的，在花园和森林中，这个人和其他的动物是不一样的。所以这就是全部了，也有一些很暖心的、很精妙的东西。所以我觉得当人们开始从标准中寻找突破的时候，他们的作品中就会出现亮点。

作为一种媒介、技术，我是喜欢CG的。并不是说一定要做得超真实，而是要利用它的优点去做好它擅长完成的部分。
马特·威廉姆斯

逐步演练

在逐步演练的过程中，我会在最基本的状态下建立一个动画姿势，然后逐渐添加细节。我创作的姿势基本都有着相同的思考过程，也基本都是用相同的方式去执行的。当进入到下一个姿势的时候我一般会重置绑定，这样可以从草稿中建立起止帧的姿势。也有例外，在创作一系列相似姿势的时候，只有两个起止帧的姿势有细微的区别，这种情况下我觉得在先前的姿势上进行添加可以起到很好的练习效果。

对于大部分比较大的动作而言，重置姿势可以很好地避免一些问题，比如之前提到的可怕的万向节死锁。旋转一个已经有很高旋转值的控制器，是可以从平衡环地狱中解脱的方式。从头开始制作每一个姿势可能会花费更多的时间，但是得到的最终结果会更好。同样

的，保持制作过程清晰也是很重要的，要确保你们没有用不同的控制器来影响相同区域的绑定。假如我们现在要转化头部的转动，那一定不要将脖子的底部也一同转动，因为单独转动头部已经能达到我们想要的效果。如果头部的转动牵扯到两个不同的控制器中（头部和脖子分属两个不同的控制），后期润色、加工动作的时候会很难处理。

就比如鼻子运动的弧形轨迹，它的动作中套结非常多，任何一个控制器都可能会引发问题并且很难被追捕到。肩膀也是一样的，如果它们能够同时被转化和转动，那就选择其中一个并且一直用那一个。在这个阶段，一定要保持所有的地方都是清晰的，为动画的制作打下坚实的基础，并且可以避免在未来产生让你们头疼的问题。

预备动作的姿势

我将要制作的这个姿势是在伯顿先生要停到约会对象家门口之前的预备动作。我会用到图3.24中的小人，这是我在制定规划时候的一张速写稿，将它作为这个姿势的创作基础。在创作过程中要时刻提醒自己这是一个流动的过程，目标不是完全复制出和速写稿相同的样子。重要的是我要捕捉想法和姿势的感觉，而不是让我的速写稿带领着我去做东西。我会尝试限制绑定的使用，这会在我尝试捕捉姿势的感觉时有更多的灵活性。

3.24

3.24　预备动作

接下来，我们将介绍制作伯顿先生动画人物的这个预备动作。

1. 首先我需要找到动作的轨迹线（见图3.25）。因为我要从人物的核心向外逐步建立姿势，所以找到它会非常直观。如果你们觉得在速写稿或者视频参考中找到这条线很难，那就去看脊柱的整体弯曲轨迹。先不要去考虑姿势摆的是不是正确，因为在制作人物绑定的过程中，你们可以返回到之前已经移动或者转动过人物的部分，扭动或者修改它们，以使姿势更加强有力。

2. 主要身体的控制会是你们首先要移动或者转动的部分。对于这个控制而言，不同的绑定有不同叫法。有一些绑定叫做COG（重力中心），其他的会叫做身体控制或者别的什么完全不同的称呼。无论叫法是什么，都是用来控制整个人物的，除了IK（反向动力学）手和脚。选择这种控制并使它和姿势的动作轨迹线保持一致（见图3.26）。即便如此，它看上去会非常呆板、僵硬，所以下一步我们会为脊柱添加一些弧度。

3. 接下来，我们要为人物的脊柱摆好姿势，转动它的控制器，让它更好地和动作轨迹线保持一致。在大多数绑定中，你们可以使用FK（正向动力学）控制器和IK控制器来控制脊柱。有一些动画师是其中某一种控制器的忠实支持者，你们不要在意这些，只要是有效果的就是最好的选择。在摆放脊柱的时候，不要忘记构图和比例的均衡，还要确保躯干和肩膀是成相对角度的（见图3.27）。

3.25 找到动作轨迹线

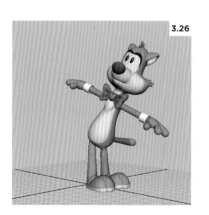

3.26 与动作轨迹线保持一致

3.27 摆放脊柱的姿势

4. 因为伯顿先生要看向他要去的方向，我会把他的头转到和他身体相反的方向（见图3.28）。这会增加压力，给姿势带来一种适合于接下来要发生的动作的紧张感。他将要在预备动作之后迅速地跑开，所以增加紧张感是件好事。

5. 一直到现在，事情都很直观。但是我注意到我的速写稿（见图3.24）并没有将所有细节都考虑周全。对于初学者而言，地板上的脚朝向的方向是错误的，它需要指向他将要前进的方向（见图3.29）。于是我意识到我需要改变脚的位置，使在空中的脚和地上的相交叉，这样会增加他将要飞速跑开的感觉。变换脚的位置，是因为在下面的动作里我希望他在进入涂抹的时候双脚不要扭在一起。腾空的时候是不会有动作的，所以我要考虑好前一个动作和后面连接的动作。像这样的改变是经常发生的事情，所以在做姿势测试的时候保持灵活是关键。

6. 我很想在处理手臂的时候坚持使用速写稿的剪影，但因为他的头实在太大了，我最后不得不打破绑定，将他的肩膀抬得足够高，以便在它周围增加一些负空间。这在主相机中是看不到的，所以我做了相应的调整来得到这个姿势（见图3.30）。鉴于动画人物头部过大的特点，在处理过程中我要时刻提醒自己注意这个问题。还有就是，他的手指尖是球根状的，当我将它们弯曲成拳头的时候，会有一些几何冲击的出现。这些同样不会在相机中看到，所以也不是什么大问题。当我润色动画的时候，我会再次检查一遍，确保像这样的欺骗行为是看不到的。现在，我不会做太多的细节处理，因为在动画制作过程的早期阶段是可能出现大的改动的。

3.28 摆好头部的姿势

3.29 摆好腿和脚的姿势

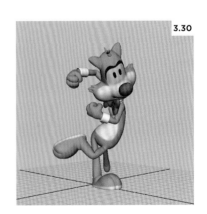

3.30 摆好手臂和手的姿势

7. 通常我会单独处理尾巴，因为它本质上很软，是被拖着走的东西。但是如果它变得非常直，就会非常得引人注意。这也是导演会提到它的一个好机会。现在我会快速地摆好它，然后在动画更具体化的时候重新制作它（见图3.31）。

8. 在姿势测试时，我会时常更改一下人物的眼线，这样他就不是直直地看向空中了（见图3.32）。这样做的原因是，在通过人物的肢体动作传达我想要传达的意图时，增添的面部动画会更好地增强这种效果。因为制作面部需要一定的时间，而我可能在后面还会舍弃掉这些，所以我不会在会被扔掉的东西上花费太长的时间。通常我会在导演初步通过之后添加面部表情和口型，一般是在制作过渡帧阶段（见第四章）。为了演示，需要添加面部表情时，添加眼睛看向他头朝向的方向就足够了。对于面部的其余部分，我用了一些挤压和拉伸的手法，挤压他的右侧面部、拉伸左侧，遵循他看向的方向。这样会让他的脸看起来更丰满，同时也增添了不对称的表现力。

9. 和面部一样，我通常会在导演满意我制作的方向之后，才会去细致地雕琢姿势。一旦进入到姿势的制作，我会使用次级控制为手臂和腿添加细微的弧度，让它变得更温和来扭转整体的形状，使之变得更富有表现力（见图3.33）。比如他头部微小的修改，抬起的脚也多了一些弯曲。这些修改虽然很小，但是对于表现力的增加有很大的作用。我还会处理一些人物的次级部位，比如头顶的头发、耳朵以及他的领结，这些都是我之前会故意忽视的东西。像这样去关注每一个姿势和每一个画面，会让你们的作品变得与众不同，每个画面都有看点。

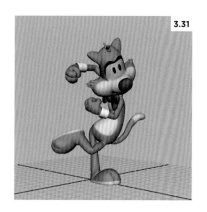

3.31 摆放尾巴的姿势

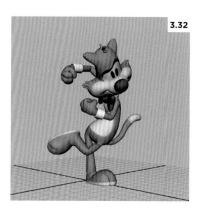

3.32 处理面部

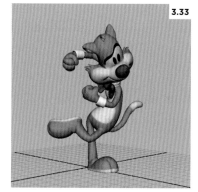

3.33 雕琢整个姿势

现在是制作动画的时间啦!

如果你们之前没有制作过,现在带上伯顿先生,首先开始熟悉绑定。每个绑定都是不同的,在你们能够熟练地使用、探索这项技能之前,一定是需要一定时间去了解和熟悉的。

以下是关于绑定的小提示,可以帮助你们入手。但是在开始制作镜头之前,记得要做预备场景:

1. 场景所需要的绑定参照和其他一些有用的材料。
2. 创建你们的全选工具按钮。
3. 创建相机,放置好它的位置并进行锁定,这样确保你们是在对这台相机进行动画制作。
4. 准备完成后,再开始跟随我的示例构造姿势。

这本书只包含了一个姿势的构造,不过就像我之前提到的,我制作所有姿势的过程是一样的,所以现在开始创造姿势吧!

你们可以制作一个相同的或者相似的镜头,也可以尝试完全不同的东西,这些都由你们自己决定。

第四章
过渡帧

过渡帧是什么呢？简单地说，就是分解两个起止帧之间的动作。从力学的角度来说，过渡帧确定了身体部分运动的重叠动作和弧形轨迹。从人物动画的角度来说，过渡帧可以交代更多人物动画的细节，可以像显示人物姿势一样显示人物是如何在起止帧之间运动的。举个例子，如果一个动画人物用他的头部和胸部来引邻整个动作，那可能向观者传达出的是他具有刚愎的、自信的性格。

过渡帧可能是我最喜欢创作的东西了，因为在创作过程中会有很多的乐趣，尤其是涉及到卡通动画的时候。像涂抹、动作轨迹线、多个肢体这样的技法都会在过渡帧中用到，来表现动作之迅速。过渡帧的创作也非常有意思，因为我们可以有无穷无尽的可能性来拓展出很多不同分解动作的方法。

爱你们所得还是得你们所爱

"爱你们所得"是你们在使用Maya软件来制作动画时可能会发生的事。如果你们不制作过渡帧并且只通过姿势测试将切线改为样条曲线，那除非你们具有非常好的发展的眼光，不然你们可能只能接受你们所看到的结果然后继续下去。这会不可避免地导致动作变得非常的均匀，表现出非常明显的计算机计算的感觉，显得不自然。过早地使过渡，会让动作变得太圆滑，而完

全模糊掉你们刚刚制作好的很棒的姿势，这样会制造出一大堆令人头疼的问题，因为你们需要重新找回在姿势测试中创造出的亮点。创造你们自己的过渡帧，从Maya手中拿回主动权，改变一下顺序，让我们从爱我们所得变为得到我们所想要的。在我们进一步学习过渡帧都包含什么之前，先来看一些能帮助我们更快速入手的小练习。

4.1 冰河世纪：融冰之灾，2006
树獭森仔在这个过渡画面中的姿势很明显是由臀部引导的，这不只是为动作增添对比和感觉，也显示了他玩闹的态度。

4.1

爱你们所得还是
得你们所爱

制作更好的
过渡帧

访谈：
佩佩·桑切斯

逐步演练

做做看

四帧规定

4.2

一般需要多少过渡帧才能得到想要的效果呢？对于简单的转换，通常一个或者两个就够了；对于复杂的动作来说，可能要半打甚至更多。要记住，过渡帧根本上来讲是用来明确弧形轨迹和重叠动作的，转换缓入缓出的数量也是这样。所以过渡帧数量的多少决定于是否有充足的条件。通常来讲便于观看的一个规定就是，平均每四帧有一个关键帧，关键帧包括起止帧和过渡帧。当然这个规定并不是要求你们必须完全按照每四帧就有一个关键帧，就像将关键帧设置在第4、8、12、16帧等一样。有时候为了柔和地缓出进入到一个姿势的时候，我们可能需要在关键帧之间留有12帧。对于一个复杂的快动作，在它

的转化过程中我们可能需要把每一帧都做成关键帧。要注意一定要"平均"，这样所有的东西都会被制约，在你们进入到样条曲线的时候就不会因为失去控制而乱成一团。

需要指出的是，每设置一个关键帧，都要有它被设置的意义，不要只是为了符合四帧规定而去设置关键帧。关键帧的存在是需要有合适的理由的：它是用来创造一个起止的姿势吗？它明确了一条弧形轨迹吗？它显示了在起止帧之间缓入缓出的数量吗？它确定了重叠动作吗？如果需要我们要马上补充足够多的关键帧。但是要时刻记住，每一个关键帧和过渡帧都是要有它们存在的理由的。

4.2　关键帧时间轴
我们注意到在范例动画的时间轴中，关键帧大概是平均每三帧出现一次，这违反了四帧规定，原因是我想更多地去制约我的动画。要记住，不能让"规定"控制你们的制作，只把它当作是一条指导技巧。

TweenMachine

我们会在贾斯汀·巴雷特（Justin Parrett）的tweenMachine工具的帮助下制作过渡帧，你们可以在我们的教学辅助网站上找到它的链接。tweenMachine很大程度上加快了制作中间姿势也就是过渡帧的基础的进程，它让我们能够在起止帧的中间快速键入，然后按照我们的喜好去建立。我们不想随便地去制作过渡帧，即使用Maya软件来制作中间过渡感觉笨笨的，但它还是有两个让我们继续使用它的理由。一个是节省时间，它给我们提供了继续工作的基础而不是从零开始；第二个是它为我们提供了起止帧之间精准的转换姿势，确保了我们过渡帧的制作是建立在良好的基础之上的。如果你们还没有安装tweenMachine工具，那现在就去安装，因为在后面的例子中我们都会用到这个绝妙的工具。

翻页

在制作过渡帧的时候，用翻页的方法来显示过渡帧的珍贵。你们可以像传统动画师一样通过按逗号和句号键来翻页、在时间轴上向前或向后移动，以及从一个关键帧到另一个关键帧。能直接拉动时间轴当然会更好，因为这样会很快，尤其是在你们有很慢的绑定的时候显得非常有用。还有就是，如果你们在使用除了阶梯切线以外的任何类型的切线，翻页会通过跳过没有关键帧的帧而看上去像是阶梯切线一样。如果你们还没有用这些热键，那从现在开始认真地使用它们吧。我坚信它们对于有效率地制作过渡帧有至关重要的作用。

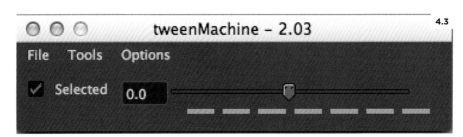

4.3

4.3 TweenMachine
这是超级好用的tweenMachine的一个截图。看上去可能很简单，但是它在应用起来却会让你感到无比的精妙。

爱你们所得还是
得你们所爱

制作更好的
过渡帧

访谈：
佩佩·桑切斯

逐步演练

做做看

制作更好的过渡帧

就像之前提到过的，从力学的角度来看，我们在制作一个分解动作的时候需要涉及到三样东西：弧形运动、缓入和缓出以及重叠动作，下面我们将详细地对这三个方面进行介绍。

弧形运动、反向弧形运动和动作的路径

弧形运动是我们在制作分解动作的时候主要添加的东西，它们让动画更具有美感并且让人物的运动更有生命力。在弧形运动中所有事物的运动都是自然的，要想得到机械的、机器人一样的动作，就要完全去掉弧形动作。弧形动作也是制作精细动作的关键，在第五章会涉及到。正如我们看到的，它们非常得重要，所以会包含在动画的十二条原则里面。

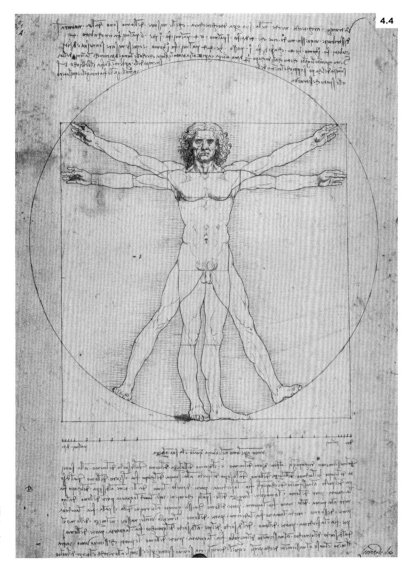

4.4

4.4 维特鲁斯人
列奥纳多·达·芬奇的维特鲁斯人展现是对于人体比例的研究，它说明了人体的结构以及我们的四肢是如何有着弧形运动的。

通过对人类动作的细心观察，我们发现大部分的动作都起源于臀部，所以我通常在第一次制作分解动作的时候，会在臀部的地方添加弧形动作。通常那个弧形动作在落下的转换中是一个掉落的动作，但是臀部的落下不能每一次都盲目地应用，例如人物的跳跃就是一个特殊的情况。不过因为重力总是与人物相违背，向下的弧形运动会出现的很频繁，它是表现人物重量的部分。我们要发现人物身上遵循弧形运动的其他部分，例如手腕、脚腕和鼻子。这些地方的弧形运动会很明显，如果出现了错误的弧形运动，也是非常容易看出来的。不只是这些，当你们开始微调动画的时候，人物的嘴角也是有弧形运动的。

在制作弧形动作的时候，还需要考虑的一件事就是它们的反向。如果臀部是向下的弧形动作，那一条手臂可能就会有向上的弧形运动。我们不能强制性地去做这些，但如果有很自然地使用反向弧形动作的机会，那一定要抓住！这样会给动作增添对比，使它变得更戏剧化、更有趣。

说到对比，弧形运动既可以很简单，也可以很复杂。通常我们说到弧形运动的时候，会想到一条简单的向一个方向弯曲的弧线。不过在一些动作中，弧形运动是可以改变方向并且有更复杂的扭曲和转弯，这些取决于动作的复杂程度。这种复杂的弧形运动通常会出现在四肢末端的地方，比如手腕和脚腕。举一个行走循环的例子，当人物在行走的时候，臀部会随着每一步的走动有遵循弧形运动的上下浮动。在走两步的过程中，手腕绕八字的运动轨迹从侧面看比从上面看幅度要更小一些。身体部位越远离身体的核心，越会有更复杂的运动轨迹。不要将运动轨迹和动作轨迹线搞混，运动轨迹是身体的一个部位沿弧形运动的轨迹，而动作轨迹线，是贯穿整个身体的看不见的线。虽然运动轨迹有时候会很复杂，但它都有弯曲、弧形的特性。

不要太关注于弧形运动可以做到多复杂，通常在我们制作过渡帧的时候它们会自然而然地出现。一般我们会先从臀部开始，一旦你们找到了明确的弧形运动，再从这里移开视线，确定好人物最基本的弧形运动追踪点：手腕、脚腕和鼻子。当你们在起止帧之间翻动的时候，关注弧形运动并将其包含进过渡帧之中。

爱你们所得还是
得你们所爱

制作更好的
过渡帧

访谈：
佩佩·桑切斯

逐步演练

做做看

缓入和缓出

因为大部分时候我们创造的人物都是遵循物理规律的，所以在两个起止帧之间转换的时候通常会用到一定的缓入和缓出。这里说的是"大部分时候"，因为在动画领域，我们都知道，我们会很享受破坏规则的乐趣。不过对于大多数动作来讲，缓入和缓出是应该被包含在过渡帧之中的。然而，如果每一个动作的缓入缓出数量都是一样的，那就会致使你们的动画变得非常平均和可预测。

为了在间隔上创造更多的变动和对比，你们可以用快出／缓入或者缓出／快入模式。快出／缓入的模式在卡通动作中非常常见，有一个初始的快动作然后缓入到一个静止的姿势，我在制作过渡帧的时候一直使用这种方式。tweenMachine通过将滑块向左向右调整的方式，让你们在制作过渡帧的时候可以更容易地调整好间隔。

假设你们的开始姿势在第10帧，停止的动作在第20帧，然后要在中间第15帧制作过渡帧，这时如果我们把滑块放得偏左边一点，就会主要表现第一个姿势，间隔也会有缓出／快入的感觉，因为前部分的间隔要比后面更紧凑。如果我们将滑块向右调整，将得到快出／缓入的效果。话虽如此，我一般还是会从正中间开始制作过渡帧，并不倾向于起止帧的某一姿势。在这种情况下，我可以用重叠动作来让身体不同部位有不同的运动速度，在某一些部位得到缓出的效果，然后另一些部位是快出的效果。这样能使动作更加复杂、有层次感。后面我们会更深入地介绍重叠动作。

4.5　卑鄙的我，2010
维克多缓入靠近格鲁来介绍他自己。大多数的起止动作会有一定程度上的缓入和缓出，在非常卡通漫画的动作中，为了达到更好的视觉效果，这项原则也是可以忽视的。

4.5

重叠动作和反转

重叠动作是身体的不同部位有着不同的运动速率，打破了整个动作并让它更自然、更有流动性。正如我们之前讨论过的，大多数的动作都始于臀部，所以很容易知道下一步是什么，因为臀部先行，身体的其他部位略有延迟。

如果一个投手正在投掷棒球，那他的臀部会先向后，身体的上部停留在后面，然后投球的手最后被设定进手套中，这是投球的一个准备动作。当我们制作预备动作时，同样是臀部做引导，然后是身体的上部和手臂在向垒的方向投球之前保持后倾。有些时候身体的其他部位也可以引导动作，在这个例子中，我们来将动作放大，投手使用的力气过大然后失去了平衡，他的臀部和腿在努力防止他摔倒。在这种情况下，他投球的手最初是最后移动的部分，现在变成了主要的引导力，让身体的其他部分都跟随其后。

所以不只是臀部可以引导动作，身体的其他部分也可以。尤其是在有外力的情况下，比如在棒球砸到了头的情况下，头部是第一个运动的部位，然后身体的其他部分迅速地接上。通过尝试用身体的哪一部分来引导动作和完成的时间的不同，可以很好地提升你们的动画效果，让它更有趣、更有戏剧性。

4.6　里约大冒险，2011
尼科和佩德罗在盘旋飞翔，翅膀末端的羽毛向后拽然后与翅膀的底部向重叠。逐帧地研究鸟的翅膀是观察重叠动作的好方法。

爱你们所得还是
得你们所爱

制作更好的
过渡帧

访谈：
佩佩·桑切斯

逐步演练

做做看

过渡帧的一个嵌入进重叠动作
的很重要元素就是反向。术语反向
通常会在说到人物的脊柱以及它是
如何从一个姿势转变到下一个姿势
的时候提起。如果脊柱要从C的形
状变为相反的曲线，你们只需要做
一个反向就可以了。反向并不只应
用在脊柱，也可以被用到身体的其
他部位，比如手臂的整体形状。不
过在制作两个反向之间的过渡帧的
时候，我们通常会通过S形曲线进
行转换。分解一个反向和制作一个
S曲线可能在一开始容易被混淆，
但是如果你们能分清引导动作和跟
随其后的动作，那思路基本就清
晰了。

我们看一下图4.7中伯顿先生左
右摇晃的尾巴，在两个起止帧中，
尾巴的整体形状接近两个反向的C
形。因为尾巴的底部会引导动作
并且先到达转换的位置，它需要在
下个姿势中尽可能地和曲线保持一
致。相反的，尾巴的末端是紧跟其
后的，所以它的形状会和一开始的
曲线保持一致，然后就有了重叠动
作。在过渡帧中包含重叠动作一定
会使创作流程更出彩，有时候甚至
是势不可挡的。不过通过简单地决
定什么是主导动作的部分，我们就
可以确定主导动作之后的动作，然
后据此做出之间的过渡帧。

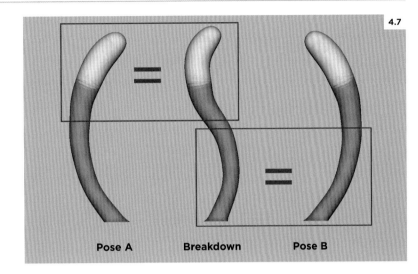

Pose A   Breakdown   Pose B

4.7　S形曲线的过渡帧
在处理反向的时候，过渡帧是S形曲
线，尾巴的下部符合下一个动作的
弧形，尾巴的末端符合之前动作的
弧形。

涂抹、动作线和多重肢体

涂抹、动作线和多重肢体是处理在过渡帧中动作模糊问题，最有趣、最卡通化的解决方式。不过因为它们的应用涉及得非常广泛，所以我们会在第六章中对其进一步进行解读。而且由于它们的制作会很消耗时间，有时候将它们留到润色的阶段可能是更明智的选择，因为如果在制作好这些效果之后，镜头有需要改变的情况，会感到十分心疼。现在你们可以不用添加这些动作，继续制作动画，不过要有可能会造成一些问题的心理准备，比如间隔过大图像会断断续续。

如果大家有很多疑问的话，我完全可以理解，因为制作这些确实非常有趣，也会让人脑洞大开。如果想要提前先看到效果如何，可以先跳过中间的部分看一下第六章，然后在现有阶段尝试一下它们的应用，不过不要处理地太紧张，在最终处理动画的时候，这些可能都会变。

4.8　精灵旅社，2012
模糊的动作对于CG艺术家来说并不完全陌生，这张出自《精灵旅社》的图中，背景就是这样的效果，这也是传统学院派动画师不具有的东西。他们在需要制作移动很快的人或者东西的时候，会用涂抹或者干刷来连通视觉的空缺。

爱你们所得还是
得你们所爱

制作更好的
过渡帧

访谈：
佩佩·桑切斯　逐步演练　做做看

TIP | **分解过渡帧**

对于复杂的动作而言，一个过渡帧可能是不够的。所以要处理如何在两个起止帧之间的转换需要多于一个过渡帧的问题。无论我需要多少个过渡帧，当然在我开始制作之前可能也不会清楚具体数目，我都会从两个起止帧之间正中的位置开始先制作一个过渡帧。如果第一个帧是在第10帧，第二帧在第18帧，我会在两个起止帧的中间点，第14帧制作过渡帧。在制作完这个过渡帧之后，如果需要更多的过渡帧，我会将这个过渡帧看作是起止帧中的一个，然后再重复之前的过程进行划分，然后再制作。

在我完成的时候，可能会在每个次级帧上有一个关键帧，我甚至可能会在一个复杂转换的每一帧都设置关键帧。你们要可以把每一帧都做成关键帧，对于卡通动画而言，这种程度的控制是必要的。当关键帧相聚一帧的距离时，你们可能需要通过交换他们的位置来为过渡帧争取到更多的空间。这样也完全没有问题，当我在制作过渡帧的时候，经常将时间的控制换来换去。

佩佩·桑切斯

佩佩·桑切斯是一个多才多艺的人，他最初是作为一个为2D动画制作中间帧的工作者开始的，然后以他自己的方式成为传统动画师。之后他又进行了计算机动画的转变，最终成为了受欢迎的学龄前节目《小P优优》（2005-2010）的总监，然后是《音乐果果星》系列动画的指导。在这里，佩佩要谈一谈他自己的经历，并与我们分享一些他对于动画的感受。

您是怎么进入到动画制作这个领域的呢？

35年前，我为传统动画制作中间部分，算是从基层做起，我试着从身边的动画师身上学习经验。我最初参与工作过的一些作品有系列电影《阿斯泰里克斯》和《大象巴巴》（1989-1991）。我在其中只是作为一个制作中间项的工作者。我认为我的第一部动画是迪士尼的《航空小英雄》（1990-1991），然后还有一集《蝙蝠侠》电视剧。然后我去了爱尔兰，在唐·布鲁斯的工作室工作了几年。唐·布鲁斯去了福克斯动画，在我刚去的时候，他们完成了《企鹅与水晶》（1995）。我参与制作了《快乐神仙狗2》（1996）。

不过在这之后，我又回到了西班牙，想要找到有关传统动画的工作，但那是3D刚开始的时期，你们也知道一个传统动画师要进入到3D并非那么容易，因为那些工作室会觉得你做不了3D动画，所以要得到一份3D动画制作的工作很难，但是我找到了我的第一份3D动画制作工作，参与制作戴格拉电影制作公司的一部西班牙电影。在那之后我开始作为

一名动画师为动画《小P优优》工作，在几个月之内，成为了总监，然后一直工作了六年。然后我作为动画指导进入了《音乐果果星》的工作。那是我最后一份大工作了，因为就在几个月之前，我开始制作我个人的节目——《返回月球》（2013），它更像是个复合媒体的产品，有电子游戏、玩具、手机应用软件，以及13集一分钟的电视短片。非常有趣的是，它们对成年人比对学龄前儿童还要有吸引力。现在我在做另外一部学前儿童的木偶人电视剧。我喜欢尝试不同的东西，不想长时间做相同的事情，那样会觉得很无聊，所以我就经常变来变去。我也在尝试再次制作传统动画，因为相较于3D动画，我更热爱做传统动画。

您提到了在您进入3D动画的时候，因为被看做仅仅是一个传统动画师而经历过一段比较艰难的时期，那现在在您成功转型后，您觉得您之前作为传统动画师的经历对3D动画创作有帮助吗？

嗯，我认为传统动画师学习的方式会给3D动画制作带来了很大的优势，它的学习需要更多

的耐心，学习的时间也会更长一些。我们会去深刻地理解概念和原则，而这些体验可能做3D的人没有经历过。他们的进程非常的快，在学校学习一年，然后直接进入动画制作。我觉得这种做事情的方式不是特别得理想，你们能理解吗？他们只是学习如何使用那些工具，但并没有真正学习如何制作动画。就这个职业而言，很多东西不是在很短的时间内就能学到的，你们需要时间。比如剪影、形状的表现、弧形运动等对于有传统动画背景的人来讲非常简单。尤其是当你们作为一个制作中间帧的工作者，是一定需要了解弧形运动的。

您也做过一些人物造型的设计，那人物造型的设定对动画有影响吗？

有很大的影响，以《小P优优》里面的一些人物为例吧，巴托，那只鸭子，是由很多个部分组成的，他激发了我们这些动画师在他身上做一些很疯狂尝试的灵感。所以他会有基于他的造型特点设定的动作方式，符合他的构造。再比如说艾丽，那头大象，要柔软温柔一些，所以她不

会有疯狂的动作，当然她也不会像《小P优优》动画的主人公一样运动，所以设计和动画是紧密相关的。

您曾经涉足动画电影制作的多个方面，您做过总监、做过设计、做过导演，是什么驱使您尝试这么多的位置呢？

其实在动画之前，我还做卡通书、故事板、排版之类的事情。转向做动画是因为我真的很喜欢它，但它并不是我想要做的唯一一件事。我很喜欢讲故事，讲故事这件事需要对所有的事情都有点点了解，例如颜色的设计、人物的设定、环境的设置等，如果想要成为一个好的导演，那就需要学习全部的这些。

我们来说一说《小P优优》和《音乐果果星》吧，它们的风格非常独特，我甚至认为它们对于计算机化动画创作是开创性的。

您能简单谈一谈它们的风格是如何发展的吗？

这不是一朝一夕所能完成的，也历经了大量的拖尾和错误。我们的导演之一，尤其是第一季的导演奎勒莫·加西亚·卡尔斯

（Guillermo Garcia Carsi），在制作《小P优优》之前，他就是在卡通系统里工作得很疯狂的人，就像鸭子巴托一样疯狂。他为这个系列付出了很多，并且对于他想要的制作有一个很清晰的构想。并且动画师们也都有自己的想法并进行分享，所以风格随着第一季开始成长，这里不仅仅是导演的想法，而是所有人的想法。其中一点就是尽量避免很多3D动画都有的流畅的动作，也就是任何时候都在动，没有静止的姿势。比如在《小P优优》中，我们甚至没有用到样条线来处理动画，而更倾向于使用信息清单。

所以你们甚至没有用过曲线图编辑器吗？

没有用过。如果有些东西脱离弧形运动或者为了解决一些问题我们会检查它，但是通常我们使用信息清单。就像传统动画一样，我们制作出主要的关键帧，然后把所有的东西都设置为线性，没有任何处于样条线中的。然后我们自己制作中间帧，将它们放置在起止帧之间，就像传统动画中一样，三分之一处或者二分之一处。通过这种方式，我们

努力去消除计算机填充的感觉。

动画师会花很长的时间去适应这种制作流程吗？

是的，需要将近一年的时间吧。因为在3D动画中大家都用样条线和曲线图编辑器的方法去制作，所以还是有些困难的。我们将短片《修士与鱼》（1994）作为间断性时间控制的灵感来源，没有太多的中间帧，尽可能少地使用图画。我们会有两个起止帧，然后缓入和缓出各需要绘制三幅画、不超过四幅。如果你们去一帧一帧地看《小P优优》，就会注意到这些的。当然也会有许多静止的动作，我们会让《小P优优》保持一个姿势10帧或者20帧，这都完全没问题。

用这种方法进行制作是不是可以节省很多制作镜头的时间呢？

一整集的制作会花费大约一个月的时间，从样片到最后剪辑。但如果只是动画的话，一个星期就够了。我们有两个团队，一个团队早上工作，另一个团队下午工作。所以我们每个星期可以做两集，每个动画师一个星期大概会制作500帧。

在《音乐果果星》里面，你们使用了多重肢体这样带欺骗性的卡通化小手法，这是导演的决定，还是动画师有自由的空间去尝试不同的东西呢？

是有很大的自由发挥的空间的。在开始的时候，导演会告诉我们他想要什么，然后参考是查克·琼斯（Chuck Jones）、格兰·基恩和《小P优优》的风格，因为那时刚刚开始在3D中使用这种风格，所以我们试着在《音乐果果星》保持一点《小P优优》的风格。在那之后我开始对风格进行各种尝试，看看最终会发展成什么样。我们也试了模糊动作，但是并不奏效，想要将模糊动作用好实在是太贵了，所以以最终我们还是选择做一些视觉感强的姿势，例如将身体拉长、用多条腿或多条胳膊来表现。在绑定中，最多可以有六条腿和四条胳膊，所以如果需要，我们会使用多肢体。

鉴于您做过一些监制和导演工作，在您的回顾中想要在动画中看到什么呢？

我想要看到一些和平时看到的完全不同的东西。这很难，因为现在有很多网上在线学校，虽然非常好，但是教学过程基本是一样的，相同的练习、相同的动画绑定，所以当我看到不一样的东西的时候，它会很突出，会让我觉得那里很有意思、那里让我想笑了、让我能有感情的触动。当然了我也会看有没有动画规则的存在，比如平衡、重量、表演等等。我的建议是，至少试着不要去使用其他人都在用的自由绑定，如果可能的话，尝试找到你们自己设计的、独一无二的东西。

您对想要进入动画产业的学生们有什么建议吗？

除了动画之外也要做一些不一样的事情，虽然这很难，但坚持去做吧！如果这是你们的梦想，你们需要为之奋斗，尽可能多地学习，努力达到目标。努力努力再努力，一直不断地前进。

就这个职业而言，很多东西不是在很短的时间内就能学到的，你们需要时间。
佩佩·桑切斯

逐步演练

在逐步演练中，我会制作几个过渡帧，细化制作背后的思考过程。第一个是我在第三章最后制作的伯顿先生正站在房子前面的预备姿势和它后面姿势的过渡帧。这个过渡帧也会在第六章讲人物涂抹的时候用到。虽然在构建这个姿势的时候，涂抹是应该被考虑到的事情，但考虑到我们刚刚在本章中讨论过的内容，我会先制作一个有表现力的过渡帧。

扩展选项

为了制作这个过渡帧，我会先回到我的规划，因为我已经画了一些扩展的草图来显示伯顿先生可能是如何在两个姿势中转换的。图4.9中左下角的涂抹姿势是我要制作的方向。在过渡帧中，伯顿先生会由左臂、左腿带领，然后右侧的身体被拖在后面。

4.9 选项

4.9

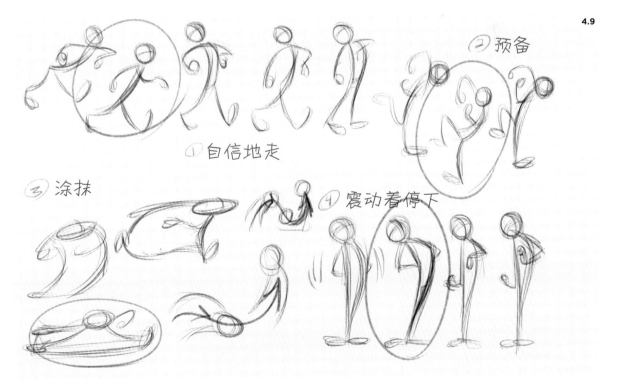

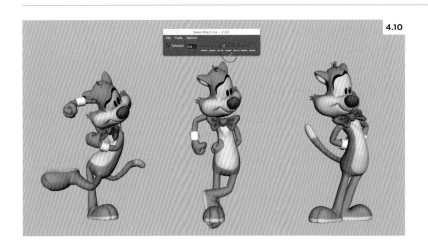

4.10

1. 我用了tweenMachine来制作过渡帧。因为过渡帧会在两个姿势的正中，我在tweenMachine的窗口中单击中间的按钮。图4.10是我制作的第一个姿势、tweenMachine制作的过渡动作以及我的最终姿势。这个结果并不理想，不过给了我一个基本结构去继续修改制作我的姿势。

4.11

2. 为了让伯顿先生通过这个过渡帧有一个向下的弧形运动，将他腿劈开到地上，见图4.11。通过让他的左腿向前延伸、右腿留在后面来包含一些重叠动作。他的脚，从本质上来讲跨越了两个姿势。这样可以通过后面对姿势进行涂抹帮助填补中间的空缺，减少他在运动的时候两个起止帧之间负空间的总量。

4.12

3. 伯顿先生在这个过渡帧中有一个向前的趋势，所以他会先抬起头，进入下一个动作。即使有身体向前的引领，他还是太高了，所以我将他的头部降低一些，稍稍隐藏在胸前，见图4.12。他的领结几乎看不到，所以在我开始扭转这个姿势的时候干脆将它藏了起来。

4.13

4. 就像我在规划的速写图中画出的，我决定让他的胳膊引导身体的动作，见图4.13，这个和让他在过渡帧中头部先进行引领的想法联系得很好。除此之外，他的身体是向下的弧形运动，手在两个起止帧之间有点像直线运动，这就稍微形成了一些对比。最后，通过手臂一直到尾巴的流畅性，和腿部形成的水平直线有着强烈的对比。

4.14

5. 过渡帧已经基本完成了，接下来我们该要改进一下姿势，使用次级控制稍微调整一下面部。我将他的前额和胸更向前拉动了一下，并且让胳膊更圆，使之有一种橡皮管的感觉，见图4.14。我也调整了一下腿部，让它们更好地贴合地面，并且在左脚添加了一点弯曲以表现拖拉感。这些变化很微小，但是很有利于增添表现力。要选择好放置的位置，这个姿势是放置在第一个和最后一个姿势的正中。一个过渡姿势是不够的，所以我会让他的第一个姿势有一个缓出，然后迅速进入到第二个姿势。因为第一个姿势和过渡帧之间的变化太大了，所以我决定要再做一个过渡帧以控制结果，而不是完全交给Maya这个愚蠢的中间帧制作者。

6. 就像刚刚做第一个过渡帧一样，图4.15是在tweenMachine的基础上制作出来的，现在我们再来使用中间的按钮来制作一个可以继续修改的姿势。通过摆动人物的姿势，使他身体的上半部分（手和头）更偏向于第一个姿势。实际上我通过拉伸将他的头部的顶端保持在了同一个位置。在第一个姿势和新的过渡帧之间翻看（用逗号和句号键），可以让我们转换头部的顶端更一致。同样也要注意一下橡皮管一样的手臂和腿。当处理快动作的时候，我们可以根据动作流动性的需求破坏关节。

4.15

7. 尽管新制作的过渡帧已经足够进入到样条线了，但我认为多添加一个过渡帧可能会更有利于掌控动作。在制作的过程中（同样还是用tweenMachine的中间按钮），我会通过将伯顿先生的身体向上转化来添加一些预备动作。不过我不想让他的头向上移动，这样会有些分散注意力了，于是我选择挤压他的头部来保持它的位置。在这过程中，他上面一排牙齿陷进了头的里面，看上去非常得蠢，见图4.16。我选择通过调整下巴的方式让这种现象更明显而不是试着去修补这个问题。这些是偶尔会出现的计划之外的小惊喜，是我非常喜欢的意外。

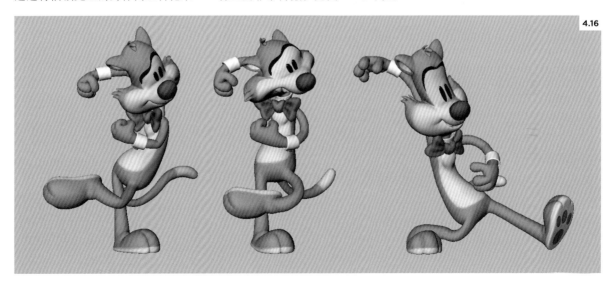

4.16

8. 接下来的例子，我想选一些不太夸张的起止帧和过渡帧。在这个场景中，伯顿先生刚刚敲了门，准备把藏在身后的花拿出来，见图4.17。我还是计划做一些卡通的东西，但是是小程度上的。就像全部的过渡帧一样，我会先使用tweenMachine进行制作。同样的我也是用tweenMachine的中间按钮来制作一个起止帧之间的中间点。制作的这个过渡帧看起来很不错，头部的弧形角度很好，但是没有重叠动作，所以所有的东西都会同时运动，间隔也会非常平均。接下来就该添点有趣的东西了。

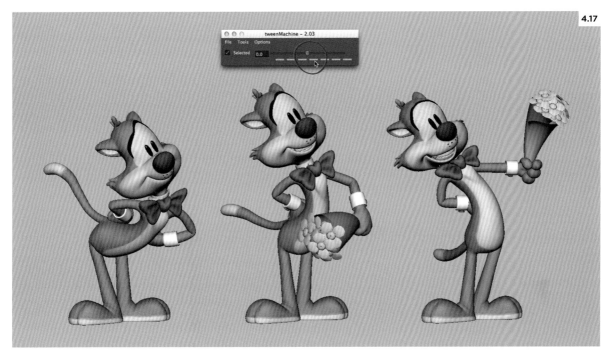

4.17

4.18

9. 现在你们应该很了解我的制作流程了，我先从人物的核心开始，然后向外扩展。在这个过渡帧之中，我想要让他的臀部来引导，然后胸和头跟随其后，见图4.18。虽然他并不是要在转换中完成脊柱的反向动作，我还是希望包含一个S曲线来得到我想要的重叠动作。除了头部有一个向后的弧形运动，在过渡中他的臀部也会有一个小小的弧形运动。在他身体的形状变的更复杂的时候，他的尾巴部分会更简略一些，从S形中伸直一些变为一个简单的曲线，表现尾巴是被主要动作拽着移动的。从最开始到现在已经有不少的改变，从他身体的每一部分都有着均匀的间隔，到让他的头部更偏向于第一个姿势、臀部转动至更偏向于最后一个姿势。

4.19

4.20

10. 在这个例子中可能不会出现对比的弧形运动，但是在他的身体向一个方向运动的时候，我们可以去制作对比动作，让手臂向相反的方向运动。对人物的分解可以让动作更有意思，所以我要通过将它做的更清晰使这个动作更突出。将他的胳膊向外拉开一些，使手肘弯曲的地方有更多的负空间，见图4.19。还有伯顿先生不知道从哪里变出来的雏菊有时候也被看作是卡通空间，是作为违反卡通动作的卡通化的想法的一个很好的例子。至于雏菊，它们就简单地跟随着手臂和手腕的动作轨迹就可以了。

11. 由于他的头部有一些向前转动，我决定将他的额头向后拉，拉长面部制造出拉拽的感觉。我还扭动了手臂的形状，让它们更弯曲，见图4.20。需要注意动作的时间控制，决定了我可以在多大程度上增加他手臂的弯曲度。如果是一个有8-12帧的慢动作，将手臂弯曲过多会把注意力转移到手臂上，人物看上去就会很奇怪。不过如果是一个3、4帧的快动作，就可以有机会将姿势制作得更夸张一些。

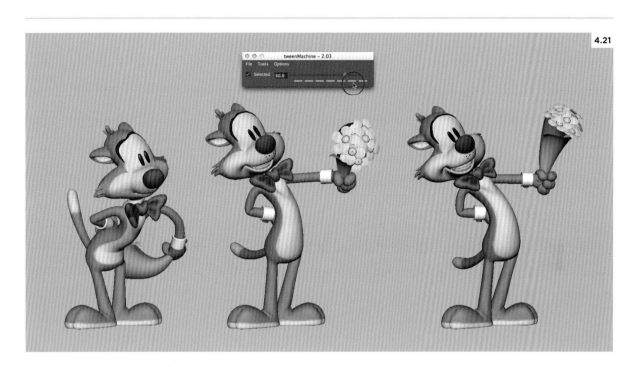

4.21

12．我们还需要一个过渡帧来完成这个动作，所以我用tweenMachine在刚做好的过渡帧和最后的姿势之间添加了一个新的过渡帧，见图4.21。为了让动作更有生机，我没有用tweenMachine中间的按钮，而是用了从右边数第二个按钮，这样制作的过渡帧会更偏向最后的姿势。正如我们所看到的，它和最终姿势很相似，这个动作看上去还可以，但是同样不够有意思，所以我们还是需要对它进行一些调整。

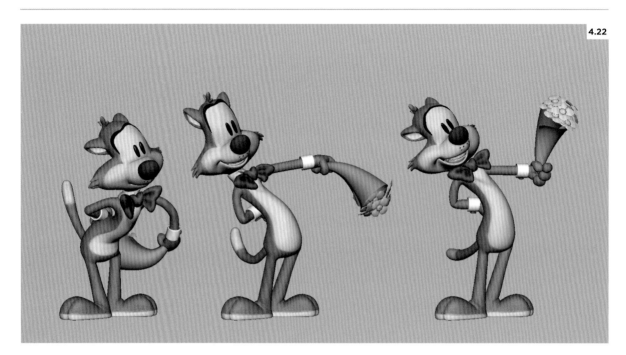

4.22

13. 在原始的过渡帧中，他脊柱的C形状非常明显，我还是想要有一些脊柱贯穿整个身体然后一直连续到头部的感觉。同样的为了避免在最终姿势中让所有东西都是缓入，我决定让他的手臂超出它最后应该在的位置，见图4.22。我也想到了雏菊本身材质的特性，考虑到这里要表现出花瓣带来的空气阻力，我决定让它们有一个延迟。事实上这并不完全正确，我只是想让它们受到更多地牵拉，并且需要一个我想要让它们看上去更出彩的理由。现在我希望你们意识到，即使只是小小地改变Maya为你们制作的东西，也可以让过渡帧变得更有意思。

一定要把动作分解！

制作过渡帧非常得有意思，因为这个时候主要的表演已经设定好了，而你们可以尽情地去思考要怎样在故事的叙述和起止帧之间进行转换。

现在从演员进入到发明家的角色里去了，想一些独一无二的解决方法，有创意地解决问题。继续制作你们的镜头，将动作进行分解过渡，并且记得要包含：

－缓入

－缓出

－重叠动作

－弧形运动

同时也要想一想，我们在哪些地方可能会添加一些在第六章中讲到的有趣的卡通技法。

第五章
修改润色

《动画师生存手册》一书的作者理查德·威廉斯（Richard Whilliams）是一名"摒弃电子设备，坚持使用最原始的东西"的坚实拥护者。他希望我们可以消除杂念、消除那些分散精力的事情，全身心地投入到自己的工作中。我非常赞同他的观点，尤其是在设定、姿势测试和过渡帧的环节，让曲线图编辑器来对动作进行润色是件更具有技术性而不是更具有艺术性的事情。我们越依赖曲线图编辑器，我们的作品就会变的越古板生硬。在这一点上，我们可能会需要一些分散注意力的事情来让和各种曲线纠缠在一起的时光变得更享受一些，所以我经常会听音乐或者播客。我并不热衷于在曲线图编辑器中花费大量的时间，但是我也不想造成人们对它的偏见，我只关注于一个工具的功能有多强大。从纯分析的角度来看，曲线图编辑器中的曲线就是动画，全部都是关于数字随时间的变化。虽然我也会讲到一些不需要涉及到曲线就可以润色动作的方法，但是还是应该对曲线是用来做什么的，以及遇到麻烦的时候要如何解决有一个基本了解。我在本章中想要达到的目的之一，就是给你们一些如何在制作的时候能不涉及曲线的练习提示，但是最根本的目的是带上你们之前做的粗略的动画，然后对其进行修改润色，让动作变得更完美。

达到润色效果

我们都知道修改润色后的动画是什么样子，但是到底什么是润色动作的精髓？我们又如何达到润色的效果？ 修改润色主要就是两件事——弧形运动和间隔。没有什么魔法口诀或者是神奇的汤料，所有的一切都来自于弧形运动和间隔。我们已经在之前的章节中听到过这两个概念了，他们是我们现在所处阶段的主要关注点，少了它们中的任何一个，你的动画都会出现动作问题，并可能会对观众造成困扰，所以对动画进行修改、润色是相当重要的。

提升我们看待弧形运动和间隔的眼光是需要时间和经验的，所以起初可能并不容易看出来它们什么时候有不妥的地方。一些有效的提取工具会帮助我们检查弧形运动和间隔，我强烈建议使用这些工具去进行检查。可以翻到第113页看一下提示栏里的一些建议。润色的第二层关注点是确保没有几何结构交叉的出现，比如脚穿过了地板或者是指尖穿过了一个固体道具。这种情况的修改是非常直接明了的，所以我们会更多地关注动作、弧形运动和间隔的修改效果。

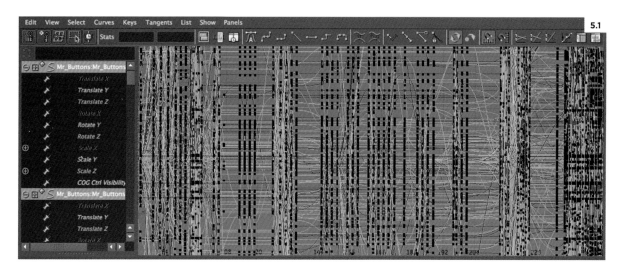

5.1

5.1 曲线图编辑器
曲线图编辑器（AKA面条盒）是许多学生望而生却的东西。看到这些曲线你就会明白原因了。但是不要怕，我们来帮助你啦！

用充足的时间润色动画

5.2 功夫熊猫2，2011
润色在根本上是关于弧形运动和间隔，也是处理几何结构交错的问题。任何时候，当人物接触到任何东西的时候，一定要认真考虑，确保不会有侵入问题。制作这个镜头的动画师，在制作的时候很好地确保了没有出现兔子和阿宝交错的现象。

5.2

我一直会在学生身上看到的一个问题，就是他们总是花费极少的时间在这部分动画制作过程上。一般的规定是你需要花费和做规划、做姿势测试、制作过渡帧一样长的时间来修改你的动作，当你准备好进行润色的时候，那这应该是你创作进程的中点，也就是一半的位置。不同的产品需要不同程度的润色，一部大片可能会比商业片或者直接输出到视频的作品有更高的要求。当然也取决于视觉类型，如果你制作的是一部风格比较保守、受限制的作品，有着很多静态动作，那润色可能不会用太长的时间。我们的目的是让你们学会如何将动画润色到大片的水平，这样你才能做好任何类型、任何时长的动画。所以一定要有根据地去规划，给自己充足的时间去润色加工你的动作。

可怕的转变

假设我们是在用阶梯切线进行工作，那首先需要做的就是在润色修改动作之前将曲线都转换为另一种切线类型。这可能会是一件非常非常可怕的事情，因为你的好看的、精妙的、有活力的动画会变的乱糟糟的。这时可以将四帧规定（见第四章）作为指导，并结合使用接下来介绍的技术，通过回到类似于制作过渡帧的过程，来减少转换带来的麻烦。

样条线

在Maya几次发布之前，大多数动画师都会从阶梯模式转换到样条线这种切线类型。样条切线的一个缺陷就是太过量了，也就是曲线会超过我们设置的关键值（见图5.3）。这会大大增加我们的工作量，使我们要对所有过量的地方进行调整，使它们尽量接近我们在阶梯模式中得到的东西。近期发布的Maya增添了一种新的切线模式，叫做自动切线。它和样条线非常相似，但是有一个很大的改进，不会产生令人畏惧的过量现象。它也并不是完美无缺的，有时候也会在之后添加关键的时候做出一些奇怪的小状况，不过总体来讲，自动切线还是一种从阶梯转换出来的值得选择的切线类型。

话虽如此，有些动画师会因为过量的问题而更喜欢用样条线，因为它们可以使动作更圆滑，并且会有让动画看上去更自然的意外惊喜。有些动画师在进行转换时喜欢使用线性切线。有的动画师喜欢用钳制切线，也就是如果相邻的两个关键帧之间的值相似或相同的时候，切线会自动变平。也有一些人会完全坚持使用阶梯，然后只将需要添加细节的帧设置成关键帧。无论是哪种切线，适合你使用的就是最好的。这也是计算机动画的一个优点，可以有很多种方法来解决相同的问题，所以你可以大胆地尝试新的东西也可以坚持使用你了解的方式。这些都会影响到最终的结果，如果你要从阶梯切线转换到其他切线，那你的静止姿势很可能会变没有。我们会在后面部分说到这些。

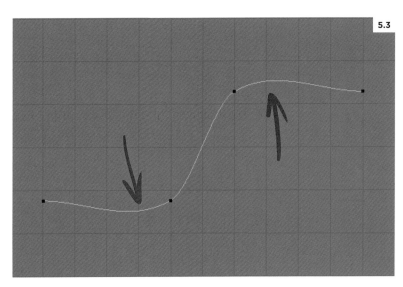

5.3

5.3 曲线过度圆滑
这是一个曲线过度圆滑的例子，样条切线表示动画的走向会超过关键帧。

将所有的曲线都转变为另一种不同的切线类型的方法是，先确定在人物的绑定上选择了所有的控制，在曲线图编辑器中选择全部的曲线，然后单击需要选择的切线的按钮（见图5.4）。不过除非你已经通过按热键A在曲线图编辑器中制定了所有的帧，不然可能会失去一些动画的曲线，并且有一些曲线可能会变成其他类型的切线。更简单快捷的方法是在时间轴上双击，选中全部的关键帧，然后在选中的地方单击鼠标右键，并从弹出的菜单中选择切线类型。和使用曲线图编辑器的方法一样，这样做同样会出现只有动画曲线被改变，并且只有它们会在时间划动器上看出来的问题。所以在使用这种方法的时候要保证全部的动画都是可以看到的。当改变切线类型的时候，一定也要将偏好的切线类型进行修改，进入偏好设置界面方法：窗口>设置>偏好设置>偏好（见图5.5）。这样会保证新创建的帧都会和转换的切线类型保持一致。

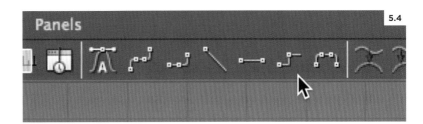

5.4　切线类型选择

在曲线图编辑器的窗口顶部，我们可以快捷选择Maya中不同的切线类型。

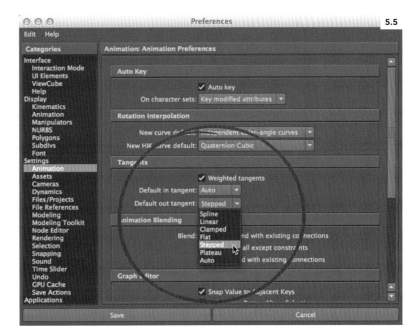

5.5　切线类型的偏好设置

在偏好设置中选择切线类型，可以设定之后新制作的关键帧的切线类型。不过需要注意的是，这个设置不会对之前做好的动画部分造成影响。

移动静止姿势

首先我们会发现，在从阶梯切线转换出来的时候，所有的静止姿势都没有了。12帧的静止姿势现在就像是乱七八糟的一团浆糊，失去了所有清晰明快的气息。在转到样条线之后，我马上束缚住了静止姿势，这是怎样做到的呢？我先从静止姿势的开始进行复制粘贴，一直到这个姿势结束，通常在下一个关键帧之前会有2-4帧的样子。在这样创建了成对复制之后，再使用自动切线，就会创建出一个稳固的静止造型。

如果你不是想要一个稳固静止的动作，那要如何将静止姿势转化成有一些运动感，来保持人物在活动的动作呢？现在我们就要用到tweenMachine了，它不止可以制作出很好的过渡帧，也非常擅于使静止姿势动起来。在时间轴上先到静止姿势的第一帧的位置，打开tweenMachine，选中所有的东西，然后单击最右边的按钮（见图5.6）。这样会将你的第一个关键帧的姿势转换到下一个关键帧姿势的百分之七十五。我们不考虑这个数字，简单地说就是它将这个姿势转换成了一个结合了之前的姿势、但是更偏向于后一个姿势的结合体，然后就会有一个很好的缓入。不过同样的，你可能需要重新应用一下自动切线，以防止任何不稳定的曲线问题。

这是快速创建移动的静止造型

5.6

的一个小技巧，这个技巧帮了我们很大的忙。不过我们能想象到，如果将这种方法应用到所有的静止姿势上会显得太重复了，就像是一口气汇总了所有的移动的静止姿势。为了保留原有的自然的感觉并增添一些对比，我们需要重新回到这些静止姿势身上，给动作增加一些细微的差别，使它们更有生机一些。我们可以在静止姿势的起初将人物的一些部分重叠来帮助打破它们，就像将一条手臂或者头向后拉，和应用过渡帧的概念是一样的，只不过程度要小一些。我们也可以通过添加一点动画的东西打破一个移动的静止姿势。比如我用摇头来表现错误，这只是其中一种打破移动的静止姿势的方法，闪光、眨眼睛、轻微重量转移、呼吸等等也都是可以用的方法。因为这些条件可能会通过不让同一画面中人物的每一个部分都成为关键来打破姿势的清晰度，我更愿意在重新做完整体的时间控制之后再来叠加它们。在后面我们会提到这些。

5.6 使用tweenMachine制作一个移动的静止姿势

在tweenMachine上，除了在过渡帧的创作时使用最多的中间的按键之外，我还喜欢用最右边的按钮，它会提供制作移动的静止姿势很好的起点。

达到润色效果

可怕的转变

最后的修整

访谈：T.丹·霍
夫斯泰德

逐步演练

做做看

重新调整时间节奏

5.7

cameraMain

5.7　时间划动器
在时间轴中标注出一帧或者一组帧，
可以让你更容易在时间滑动器中对它
们的位置进行摆放。

当我们将切线从阶梯转换到其他类型的时候，时间的节奏也会改变。在阶梯切线中，只有当时间轴达到关键姿势的时候它才会显示出来；而在样条线中，人物会在关键帧之前按照他们自己的方式运动，达到所需的姿势。就算你设置了许多的关键帧来减少转换到样条线时带来的冲击，但重新调整时间节奏还是很必要的，我们需要通过调整使节奏看起来和之前在阶梯中是一样的。

在移动的静止姿势中设置完关键帧之后，需要花一些时间来调整关键帧的位置。在我知道在时间滑动器中可以很轻易地重新调整时间节奏之前，我是用信息列表和曲线图编辑器来做这件事的。在已经全部选中人物的控制之后，按住Shift键并单击时间轴中的一个关键帧来选中它，然后你可以左右拖动来摆放它的位置。同样的你也可以按着Shift键拖动一组帧，如果控制中间的小箭头，你可以移动一整个选区的位置（见图5.7）。通过拉选区两边的箭头可以压缩或者加大时间的节奏。要注意当你这样做的时候，最后不会得到整数的帧数，可以之

后再回过头来调整这个问题。

在保持关键帧被选中的情况下，右击选区内的任何地方，在弹出的菜单栏中选择"截断"命令（见图5.8）。如果你在一个选区内的每一帧中都有关键部分，那偶尔可能会出现Maya不得不跳过中止其中一些关键部分的错误。Maya不知道该在哪里截断它们，因为在可用的帧里面有太多的关键部分了。在上述情况中，你可能需要手动重新安排它们，有时甚至需要删除一部分来让它们都落到完整的帧上。截断关键部分会对时间节奏有影响，所以这样做的时候需要解决出现的时间控制的问题。你也可以通过双

5.8　截断关键帧
一定要确定你是在时间轴中测量完关
键帧之后再截断它们，这样它们就会
截断到最接近的帧数。

击的方法在时间划动器中选中全部东西，这在需要对关键帧进行整体调整的时候会比较节省时间。

这个时候，假设你制作足够多的过渡帧并且约束好静止姿势，那你的动画应该看上去和你在阶梯模式中得到的几乎一样。这样非常好！这样转换就完成了最困难、紧张的部分。另外要将所有的关键部分都和人物的每个部分很好地组织在一起，设置到同一帧中。为什么这些会这么重要呢？如果你在制作的后期，从导演或者总监那里得到了很大的指示，这样做会使大的改变更容易去执行和完成。

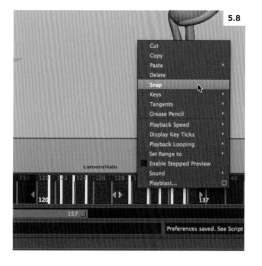

5.8

最后的修整

现在我们已经准备好去打磨粗糙的边缘，然后对动画的整体进行修整、润色。有两个对动作是进行润色的基本方式，一个是曲线图编辑器的方法，一个是简单地添加一些关键帧来让弧形运动和间隔在镜头中更明确。这两种方法也都有它们自己的优缺点，我们下面会更进行详细地讲解。

用曲线图编辑器来进行润色

用曲线图编辑器来进行润色听上去可能有点令人生畏。因为即使你习惯于使用曲线图编辑器，这里也可能会有上千种单独的动画频道，所以想要尝试每一种是不可能的。好消息是并不是所有的曲线都需要被涉及到，不是所有的这些都会影响到动画在镜头中看起来的样子。如果一些在曲线图编辑器中很丑的、参差不齐的曲线，但在镜头中看起来很棒，那为什么还要去浪费时间将它们做成曲线图编辑器里看着好看的曲线呢？对于那些没有必要的关键帧同样如此。我有过一个指导员，他想要让学生将所有没作用的关键帧都去掉，就像通过一条平滑曲线上的关键帧一样。这对于我来说是对时间的巨大的浪费。因为如果它没有被破坏，不要修改，就让它留在那不管。不过对于那些希望能做的很清楚、干净的剪辑者而言，Maya有一条非常好用的捷径，可以用来在一个频道中删除所有上面没有动画的关键帧信息。你可以这样进入这个控制：编辑>根据类型全部删除>静态频道。

我通常的建议是，从人物的核心开始，然后在向外进行创作的过程中进行润色修整。我们都知道，大部分的动作起始于臀部，所以在润色动作的时候从那里开始也就说得通了。我们可以通过每一个单独的频道分解它，然后挨个过筛，查看曲线中有没有不通顺的地方，然后对它们进行调整，从而达到润色动作的效果。简单地说，主要身体控制器的曲线应该看上去是很好看的，除非是有什么特别原因导致突然转变方向（比如人物撞到了墙上），不然会很流畅。由于你离人物的核心越来越远，也就会开始看到曲线流动中受到干扰的地方。由于控制器的父子关系，这些情况的确是会出现的子控制器从主控制器直接沿袭下动作，就会不可避免地导致曲线出现参差不齐的状况。

当通过一个动画频道来制作的时候，你可能不会立刻知道这个曲线做了什么。在这种情况下，我通常会拉着曲线上下移动来改变它的值，然后在镜头中看结果是什么样子的。然后用知识进行武装，就可以安心地继续进行润色了。不要害怕曲线图编辑器，它可以说是动画宇宙中所有力量的来源，恐惧不会让你驯服这只吓人的怪兽，只会让你对曲线图编辑器的精通操作的追求中变得无情残忍一些。因为你是通过曲线、实验来工作的，所以要注意观察当值变化的时候会发生什么，观察当你在曲线上消除关键帧的时间控制的时候会发生什么。很多时候你可能会对结果感到非常的惊喜，你的动画也正是因为这些惊喜变得更出色。

使用曲线图编辑器的另外一个好处就是当你在遇到万向节死锁的情况时（在关键帧之间有疯狂的转

5.9

5.9　霍顿与无名氏，2008
动画大片的特性之一就是品质的高标准。高品质的一大部分来源于最后的百分之十，也就是打磨动画中粗糙的边缘地方。蓝天工作室花费了大量的时间和精力在精心修整这个部分，从他们给人深刻印象的影片中就能看出来，比如霍顿与无名氏。

动），可以用到一个神奇的工具，即Euler Filter，可以在曲线图编辑器的曲线菜单里找到它。它看上去好像应该发音为"ruler"去掉"r"，但它实际上的发音应该是"oiler"。不管发音是什么样的，单击这个选项可以自动修复那些旋转转动的问题。它似乎有一半的几率会产生效果，一旦它奏效，那绝对就是像魔法一样神奇。但是如果Euler Filter

不管用，那要怎么修复万向节死锁的问题呢？有时候删除掉错误的关键帧并且重新摆放控制器可能也会有效。如果这样也不行，那你可能只能通过转换键入每一帧来解决了。这样做确实会有些痛苦，不过在极少的情况下，这是更好的选择。

111

不通过曲线图编辑器进行润色

在我作为动画师的职业生涯中，我无意中发现有一小部分人从来不用曲线图编辑器。我遇到的第一个人就是肯·邓肯（在第一章中做访谈的人），并且我觉得非常困惑这是怎么做到的，这怎么可能。这个发现是在我形成现有的制作流程，花费大多数的时间在曲线图编辑器上之前。并不是肯不知道怎么去使用曲线图编辑器，而是他选择不去用。他只是看那些曲线，看有没有出现万向节死锁的问题。肯，还有和他类似的人是非常少见的，但是随着我制作动画的时间增长，我发现我在曲线图编辑器上面花费的时间也变少了。并且有一些镜头的制作甚至完全没有用到它。我发现那是动画的卡通风格，也就是越仔细雕刻每一帧，也就越沉浸于那种工作方式。对于大多数镜头，我会结合两者的使用，通常先从曲线开始，制作人物的核心，然后渐渐向外扩张，我发现通过直接将这些摆放进镜头的视角里、按需添加关键帧可以更简单直接地得到我想要的润色效果。这当然不适合所有人，不过这不就是计算机动画的魅力所在吗——有太多种不同的制作流程可以去选择。

那么不使用曲线图编辑器是如何对动画进行润色的呢？和在曲线图编辑器中进行润色相似，我会先通过主镜头来看我的动画，然后开始身体的控制，观察弧形运动和间隔，并在必要的时候添加关键帧进行控制。如果弧形动作已经结束，而在两个姿势之间有四帧的空缺，我一般会移动到姿势之间的中点、移动控制器，直到达到契合。要么我会迅速过一遍时间轴，要么，使用翻页的技法来检查弧形运动。这时，如果在关键帧的前后只有一帧的空缺，通常之间的弧形动作也不会有什么问题。不过键入每一帧来达到对动画良好的控制是相当常见的事情。虽然感觉上可能是令人生畏又花费时间的做法，不过通过用一只手按翻页的热键，另一只手轻推控制器使其达到适当的位置，这个过程是可以很快的。如果你想做一些逐帧程度的翻页，而不只是前后翻动关键帧，可以在使用逗号、句号键的时候按Alt调节器按键。和使用曲线图编辑器进行润色的方法一样，一旦做完了主要身体的动作，我会从那里开始向外，在过程中进行润色修整。

有一点需要提醒的，通常情况下对动作进行润色需要你有一双发展性的眼睛去发现弧形运动和间隔不妥的地方。不过这里也有一些工具能帮助你去发现可以进行润色的部分，详见下一页的提示。

TIP

提取工具

提升你用眼睛去检查弧形运动和间隔的能力是需要时间的。在那之前，一些能画在屏幕上的工具还是能帮到你的。这些工具和其他Maya特定的那些可以在任何给出的物体上追索弧形运动脚本不同——它们本身更棒、更有用。在这里不说明的原因是，我本身是一个支持尽可能在计算机上使用传统方法制作的人。下面提到的工具更具有普遍意义，基本只做一件事——可以在屏幕上画在你的作品之上，类似于早期CG动画师直接画在显示屏上。回到CRT显示屏时期，屏幕的表面是玻璃的，所以非常适用于白板笔。现在许多LCD显示屏的屏幕都更有渗透性，所以我不建议还像以前那样做。不过你可以在上面贴一张透明的塑料纸，然后还用老方法来做。

这是一个综合性的不完全列表，都是一些我用过的很受欢迎的或者是其他艺术家推荐的。有一些是免费的，有一些是付费的。不过即使需要付费，也都非常便宜。

Annotate Pro (PC，美元) http://annotatepro.com
Deskscribble (Mac，美元)Mac苹果应用商店
Epic Pen (PC，免费) http://sourceforge.net/
projects/epicpen/
Highlight (Mac，美元)Mac苹果应用商店
Ink2Go (PC 和 Mac，免费) http://ink2go.com
Sketch It (PC，免费)http://download.cnet.com/
Sketch-It/3000-2072_4-10907818.html
Zoomit (PC，免费) http://technet.microsoft.
com/en-us/sysinternals/bb897434.aspx

值得一提的是，Maya 2014版本中内置的Grease Pen和这些可以画在上面的工具有一样的功能，并且有可以将画变成关键帧的能力，这样他们就可以被制作成动画。如果在视图中你想要进行绘画，可以选择视图>相机工具>Grease Pen选项。

T.丹·霍夫斯泰德

T.丹·霍夫斯泰德的个人履历读起来就像是动画的名人录。他曾是故事情节串联板艺术家、2D动画师、3D动画师、动画指导、总监和导演。T.丹同时还是一位非常有天赋的音乐家，他作为一个夏威夷滑音吉他艺术家制作过一些专辑。我曾有幸在他的监制下参与制作了几部新华纳巨星总动员的CG短片，所以我们问他是否愿意接受本书的采访时。他非常客气地接受了。

您能说一说您从事动画创作的背景，以及您是如何从传统动画到计算机动画的转变吗？

我在八十年代初期去了美国加州艺术学院，学习迪士尼风格的手绘动画。这段学习引导着我去翰纳－芭芭拉工作室参与制作蓝精灵系列电视节目（1981-1989），然后在沙利文－布鲁斯工作室七年，制作《美国鼠谭》（1986），《小脚板走天涯》（1989），Rock-a-Doodle（1991），在约翰·波默罗伊（John Pomeroy）以及唐·布鲁斯手下学习制作《矮精灵历险记》（1994）。我在《阿拉丁》（1992）刚开始制作的时候开始在迪士尼工作，在那里我待了12年，参与了八部大片的制作。

在制作《星银岛》（2002）的时候，我被指定去为3D机器人B.E.N做一些探索性的2D对话。他们对之前CG模式下的嘴巴不满意，所以我应邀去尝试使用手绘动画的方法进行尝试，看看会不会有不同的可能性。我和CG的主管奥斯卡·乌来塔比兹卡亚一起制作人物，他让我感到十分惊叹，他可以从CG表演中表现出无数种人物性格。他让这件事情看

上去非常的容易。我在工作室接受了一些Maya的技术普及，这成为我CG生涯的开端。我在动画开始制作的时候就问导演我能不能协助制作B.E.N这个人物的动画。但是他们已经分配让我做艾伦先生这个人物的主要动画师（船上的第一个船员，由Roscoe Lee Browne非常摇滚的声音来配音），并且早在几个月之前，B.E.N就准备好开始制作了，但他们还没有找到合适的配音，所有最后的设定和绑定都还没有完成。

所以在制作艾伦先生的时候，他百分之九十五的镜头都是我自己做的，并且我非常享受这个制作过程。但在他的镜头完成之后，整部影片还有很多的镜头没有做完。于是我就问能不能加入B.E.N的制作组，这个时候剩下的镜头已经被几个本来就在那个组的动画师承担了，并没什么我可以制作的镜头。所以我就帮助格兰·基恩制作一个史约翰的场景以及一些其他各种各样的人物，来帮助完成整部影片。然后我们试播了整部影片，得到的其中一个建议就是增添一些幽默点。这时，B.E.N的配音是马丁·肖特（Martin Short），所以对

于这个人物而言有很多搞笑的潜质。这样我就可以理解为什么之前没有什么时间来制作他了。导演问我是不是还对制作B.E.N的动画部分感兴趣，我抓住了这次机会，最后为B.E.N制作了四个镜头，也是这几个镜头让这个人物更加融入进影片。

通常会有一条学习曲线，但是当我将电脑想象成一支很贵的笔来使用的时候，我觉得这就开始变的容易了。动画最难的部分就是决定如何处理表演、时间控制还有性格特征。我已经知道如何控制这些了，所以我只需要尝试转换这些知识并且使用电脑来制作。

您对音乐十分地热爱，并且着迷于夏威夷滑音吉他。您觉得对于音乐的狂热和作为一个音乐家所具备的能力对您的动画制作有深远的影响吗？

在音乐和动画之间有很多平行的地方，例如敲击、节奏、段落、音色、速度等等。我觉得我的动画是音乐形式的，即使镜头里面既没有音乐也没有对白。具备另外一种艺术能力，比如说吉他，可以帮助我扩展我的经历，

并且让我在动画之外的事情上得到乐趣。不论你喜欢做什么，音乐、运动、户外、种植或者别的什么，对于生活中这些方面的观察会不可避免地渗透进你的作品中。你是你自己经历和观察的产物。

从文体上讲，您从一个极端，也就是从《怪兽屋》（2006）中以动作为主的美学转化到《华纳巨星总动员》更宽大的卡通类型。在制作标准动画之外类型的动画时，需要有什么准备工作吗？

动画是一种非常融合的媒介。在动画产业准备好开始进行的时候，许多有创造力的人会帮助你进入进程，设计师、导演、作家、故事艺术家、雕塑家还有其他动画师，一起帮助建立起了电影早期的形态。动画类型的多变性是很酷的事情，在特定的空间里会有特定的规则，比如人物的生存和呼吸。有一个创作的限制范围是很好的，这样作为一个艺术家，你对人物在他们的世界中要有怎样的行为会有一个感受。作为一个动画师，准备工作就是做好自己的功课，做很多的调研。阅读脚本、看故事情节板和设计、问问题、去搜集人物的

观察生活、不断地学习，说请和谢谢、刷牙齿、穿干净的衣服、按时工作不迟到、好好玩，然后做出作品。
T.丹·霍夫斯泰德

运动（人类和动物）。对于一些已经设定好的人物，比如《华纳巨星总动员》中的人物，准备工作的一部分就是对以前经典大片做调研，比如《兔八哥》、《达菲鸭》、《大土狼》、《比比鸟》，以及其他具有所有人马上就能认出的特征的人物。知道他们是谁，他们在特定的情况下是如何表现的，你的选择会变得更清晰。如果你被要求制作一种完全独一无二的风格也同样是这样，比如我们在《怪兽屋》中做的。即使全世界的其他人都没有见过这些新的人物，但是作为动画师你的一定要很了解他们，当你出现有创意的选择时，这些人物是从始至终贯穿整部电影的。这样会对将人物展示给观众，并且希望观众可以和他们建立联系、去感受他们的感受有帮助。

一些《华纳巨星总动员》的CG短片被推进以契合传统动画的美学，那您能简单描述一下这些短片的动画制作和监制是什么样子的？

能在ReelFX工作室参与制作这些《华纳巨星总动员》的CG短片是很考验人的，同时也是极大的荣誉，因为有太多出色的艺术家在这个团队中工作，有模型建造团队、绑定团队、制作皮毛和羽毛的团队，当然还有动画师们，他们都对人物有着非常大的热情。我们都在向同一个方向努力，尽我们最大的努力来制作出有趣、给人深刻印象的作品。这些让我的工作变得更容易了。我觉得我们就像是身上被托付了国家宝藏一样，我们管理着这些被全世界知道并且热爱的人物们。我们也知道，不论是观众还是同行都在关注着我们，所以我们要突破，让作品尽可能地更出色。我们也知道，总是会有一些所谓的纯化论者反对我们在3D中以经典2D人物为起点的做法。我们知道一定会有批判，但是如果我们可以正视是什么让2D短片能那么棒来作为一个起点，那么我们就有很大的机会做出成功的作品。

我们总是用推进立体格式的界定方式来平衡对于经典风格的忠诚。我非常骄傲我们的团队能做到这一点。当然我最骄傲的就是，我的动画英雄之一——埃里克·戈德堡（Eric Goldberg）（《阿拉丁》中精灵的动画师和《乐一通反斗特工队》的动画指导）跟我说我们做得非常棒。这是我没有想到过会得到的赞扬，所以我猜，我们可能做得不错。

《华纳巨星总动员》短片应用了一些更极端的卡通技法，比如多个肢体、干刷和涂抹。这些是您决定在哪里使用的，还是主要取决于导演呢？还有，因为这些方法从本质上是来处理模糊动作的问题的，您是如何决定使用哪种手法的呢？

我有机会在埃里克·戈德堡的团队中为《乐一通反斗特工队》制作2D动画。我十分熟悉多个肢体和"涂抹"的画法在大屏幕上的使用。这种2D的技法并不只是一种特定形式的选择，它是用手绘的方式来模仿真人动作中因速度快而在屏幕上显示出的模糊动作和图像拖尾。因为不能让拍摄动作片的机子的快门不够快来达到这种效果，所以萌生了手绘动画中的变形、涂抹和多个肢体，来在视觉上达到动作速度很快的感觉。人们对此变得更有创造力，并且更享受制作这些（我甚至在《狮子王辛巴》的一个镜头中用了多个肢体的技法！）。

查克·琼斯是让他的动画使用这些手法上是个大师。他将动画形容为"一阵紧张的画"，那有什么比用一些慌乱的手臂、腿和眼睛来表现快动作更好的方式呢？镜头需要的是决定什么时候、怎样去使用这些技法，感觉应该多过于视觉。我的意思是我们不应该太过于关注是否符合实际，"快看！达菲鸭有八条腿！"我们应该去感觉达菲鸭的速度很快，相机都跟不上他了。我们的快门被限制在一秒钟24帧，但是多肢体、模糊和涂抹可以有助于给我们更快的快门。规则的建立是用来被打破的，但是作为一个常见的规则，我喜欢将形状连起来，这样动作的慌乱会连贯起来，让观者的眼睛更易于看到它们。

您也在几所艺术和动画学校教授过课程，和学生一起工作过一些时间。您对于想要进入动画领域的学生们有什么建议吗？

首要的事情就是一定要画画、画画再画画。哈哈，这是三件事情了。不过你们能懂我的意思。即使现在是计算机动画的时代，但是绘画依旧是极其重要、有价值的技能。除此之外，观察生活、不断地学习，说请和谢谢、刷牙齿、穿干净的衣服、按时工作不迟到、好好玩，然后做出作品。

5.10　怪兽屋，2006
在夸张动画方面，《怪兽屋》和《华纳巨星总动员》是完全相反的两种。不过这并不意味着人物不能按照他们自己的规则去表现，就像这个电影中的静止镜头一样。

逐步演练

阶梯切线

在这次的逐步演练中，我会展示许多在本章中讨论过的技法，还有我觉得会出现问题的地方以及如何解决它们。

1. 如果你是在用阶梯切线，那最好在进入样条线之前再次进行检查并且键入所有的操作。这样你就可以确定在样条线中得到和阶梯切线中一样的姿势。在图5.11中，我犯了没有键入所有操作的错误，所以在对阶梯切线进行转换的时候，能有一些意料之外的结果出现的好机会。为了保证你的姿势在所有的控制器中都被键入了，简单地在S键和句号键之间轮流交替，快速过一遍动画并锁定所有的姿势。

2. 在全选了控制器并将所有的操作都转换到自动切线之后，我会预计到我的时间控制全都乱了，这是预料之中的。不过我不希望在我身上出现像图5.12这样的万向节死锁。当伯顿先生从敲门到将花从背后拿出来，他的手臂完全转到了另一个方向，向上的弧形运动到了身后而不是向下的。情况更糟的是，Euler Filter没能修复这个问题。在看了曲线图编辑器之后，我注意到肩膀控制器的X和Z转动曲线抛出的方向反了，指向了更高的转动值。这是你可以在曲线图编辑器中指出万向节死锁的一种方法。

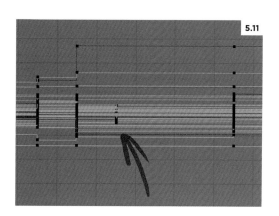

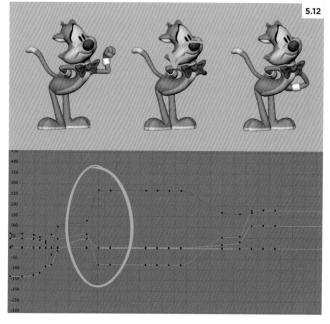

3. 由于这个问题应该是姿势内部的问题，我决定重置控制器，将旋转值归零，然后重新将手臂转动过去，就解决了问题！我们可以在图5.13中看到修改之前和之后的区别。如果我没有这么幸运，这样做也不能解决，我只能将转换过程中的每一帧都键入成关键帧，来强行将手臂的运动过程照我所希望的方向运动。

4. 这个姿势中有几处地方的时间控制不太对，所以我需要添加一些移动的静止姿势。因为我在每个案例中都是用同样的方式键入它们的，我只需要将一个区域的过程细节化就可以。在动画的这个部分，伯顿先生在第207帧达到了一个正在献花的姿势，见图5.14。当在阶梯模式的时候，这个姿势会持续到第220帧。时间的节奏是合适的，姿势也能表现清楚。现在在样条线中（自动切线），他在第207帧的时候还是这个姿势，然后突然开始缓慢地偏离到下一个姿势。这样观众就来不及看清这个讲述性的姿势，同时也没有了阶梯模式中清晰的时间节奏控制。现在是时候来制作一个移动静止姿势了。

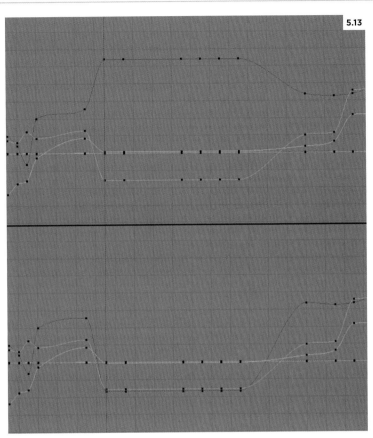

5.13

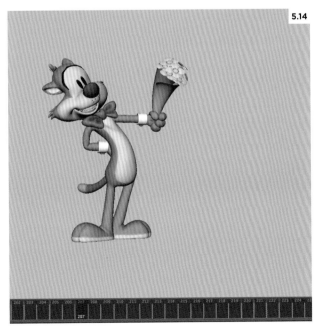

5.14

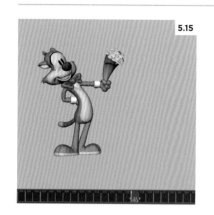

5.15

5. 我要做的第一件事就是将第207帧的姿势移动到第217帧，也就是10帧之后，见图5.15。这样会解决缓慢偏离到第220帧的下一个姿势的问题，并且他献花的姿势也能保持一段时间。我通过选中人物的所有，然后按住Shift键同时用鼠标左键单击时间轴中的207帧，最后用鼠标中键把它拖到第217帧的位置。为什么要改到第217帧？因为这样就有充足的时间来看清楚这个姿势了（我们至少需要六帧来看清一个动作），并且同时也给了我们三帧来转换到下一个姿势。还要记住的是，我没有锁死任何的时间控制，所以如果我需要给静止姿势增加或者减少帧，或者给转换到下一个姿势的转换过程增加、减少帧，都可以按照需求移动它们。

6. 下一步就是回到姿势之前所在的第207帧，同样还是对人物进行全选，使用tweenMachine，单击最右边的按钮。这样会制作出一个是第217帧的姿势的百分之七十五的姿势，产生一个很好的缓入，一个移动静止姿势，见图5.16。如果你不希望所有的部分都以相同的速度和方向进入第217帧的最终姿势，那这里就是你需要调整的地方了，可以将一条手臂多拉一些或

者在进入到217帧之前增加一点过量。对于这个姿势，我会保持它，因为我的过渡帧已经有了一些拉动和重叠动作。另外我也想要让他们更干脆利落、更紧凑，而不是在静止姿势的时候有一大堆没必要的动作。最后需要注意的是创建新的关键帧的时候，偏好设置中的切线设定。一定要在继续向下进行之前，确认你已经为润色动画更改了切线类型。

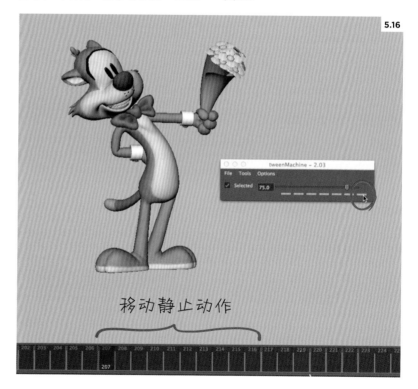

5.16

移动静止动作

7. 在重新调整了一些动画的时间控制并添加了一些移动静止姿势之后，动画看上去是相当不错的。现在我们可以来对动作进行润色了。我大多数的润色工作都没有使

用曲线图编辑器，而是在逐帧的程度上，在镜头的视角移动控制器来约束人物任何部位出现的弧形运动和间隔的错误。不过对于镜头最开始的行走循环，我想要试用曲线，

看看结果会如何，见图5.17。先从主要身体控制的Y开始转换，我及时在关键帧前后消除了一帧或两帧。通过将曲线移动到左边，他的上下运动会更快的出现；如果将曲线移到右边，那他的上下运动就会出现得晚一些。在对这些进行尝试之后，我决定让他的上下运动晚一帧出现，这样看起来会非常好。看上去像添加了一点走路的弹性——即使他走路的高度并没有变过。这样的实验性尝试对动画的润色有着很深远的影响。

8. 看着这些曲线，你可能想要去整理它们，让它们看上去更清楚一些。每一条曲线看上去都很粗糙，见图5.18。不要在意它们很难看！好看的曲线不代表好看的动画。要记住在屏幕上看到的才是最重要的。这些旋转的频道是来自于伯顿先生在一个压缩的预备动作中的肩膀运动。这个动作在相机镜头里看着非常的流畅，但如果我们理顺这些曲线，结果就会受到破坏。

9. 就像我先前提到的，我在大多数润色的时候不会使用曲线图编辑器。这可能并不适用于所有的动画。不过在这个例子中，动作非常的卡通化，并且需要非常多的过渡帧，那不通过曲线图编辑线来进行润色可能是更合适的方法。为了进一步说明，我选择了伯顿先生从一开始的走路到一个预备动作的部分。图5.19中展示了我为这个转换做的所有的过渡帧，在每个过渡帧之间大概有两到三帧。总体来讲，Maya制作的中间帧还是不错的，但还是有一些间隔和弧形运动需要进行调整。接下来我们会说到这些。

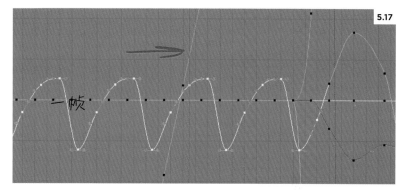

5.17

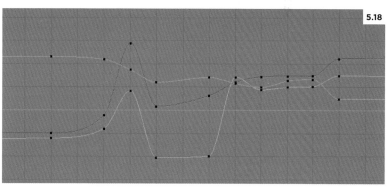

5.18

5.19

10. 我们说过，手腕是弧形运动和间隔的一个人物关键部位。图5.20显示了手腕在转换到预备动作时候的运动轨迹。大部分的弧形运动和间隔都没问题。不过在用红圈圈起来的地方，弧形运动和间隔需要有更精细的转换。第一个圈住的部位是间隔问题，间隔应该在接近方向改变时更紧凑。第二个圈的部分是弧形运动问题，我想要让手臂在到达向上停止的位置之前先摇下去。在这种情况下，在曲线图编辑器中通过整理曲线来解决会更好一些，我可以在这两个错误点上重新摆放手臂的姿势来解决这个问题。

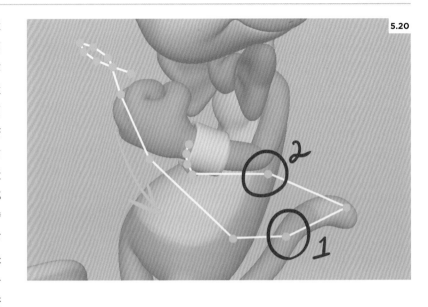

11. 图5.21显示了手腕修改后的路线，看上去感觉好多了。不过现在主要问题也显现出来了，我注意到手腕的缓入缓出有一些平均，所以在继续进入到下一步的工作之前会先来处理这个地方。我会使用同样的方式，简单地在镜头中扭转一下手臂，而不是在曲线图编辑器中处理这个问题。在重申一次，尝试一下这种方式，如果它不奏效那就再回到曲线图编辑器中。不管使用哪种工具，只要有效就是最好的工具。

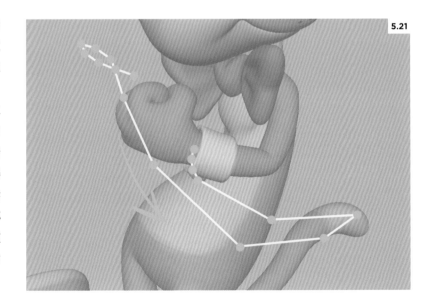

就像我们在制作过渡帧的阶段从演员转变为发明家一样，现在我们的身份又从发明家转换到了技术员——解决问题和润色动作是决定动画出色程度的最后百分之十。

对于许多学生而言，这可能也是过程中最令人沮丧的部分——尤其是当你不是非常适应曲线图编辑器的时候。对于曲线图编辑器来说，熟练掌握是用好它的唯一方法。在开始使用曲线图编辑器时，你可能觉得特别艰难，但是通过一个控制一个控制、一条曲线一条曲线地进行，你一定可以打败这头凶猛的野生怪兽。

你可能会对下一章的内容感到好奇，很想马上就去学习新的东西，但是一定不要跳过这个重要的练习步骤。对自己耐心一点，开始对伯顿先生的动画进行修改润色吧，不要惧怕遇到的任何困难！

Dive in!

第六章
卡通的技术手法

在最后一章中，我们会说到一些由之前的动画师开创的疯狂的卡通技术手法。不过我还是要稍稍提醒一下，如果动画制作的过程不够小心谨慎，那么加入这些技法会挑战你的耐心。因为每一帧都会有影响，但并不是所有的帧的制作都是相同的，当你需要去摆放设置半打手臂和腿、在一帧就花费无数个小时的时间，而所有的这些只不过会在观众面前出现二十四分之一秒的时候，你可能会再一次质疑你是否做出了明智选择。但是所有值得做的事情大多都不容易，在你度过了这个难熬的过程，精力和理智都恢复的时候，你会收获值得一帧一帧进行推敲的结果。让我们现在就开始吧！

模糊动作的问题

需要留意一下，除了交错技法，下面的技法也会制造模糊动作的问题。在真人动作的"模糊动作"中，当有快动作出现的时候，图像自然就会有模糊的扭曲，这是图像在摄影过程中被捕捉到的副产品。尽管模糊可能不能在运动中用作静止的图像，但是可以让我们得到我们想要得到的更具流动性的动作效果。

为了在传统动画中再现这种效果，动画师们需要在制作快动作的时候找到能制作出模糊动作的方法。多个肢体、动作线和涂抹都是解决这个问题的独特方法，我们会逐一讲解细节，并且看一看要如何将它们应用到你的创作中。要注意，模糊动作的问题很多年前就已经在计算机动画中被解决了，它可

以通过单击一个按钮来打开，然后我们的涂抹工具会开始制作出模糊的图像，完全不需要我们做多余的工作。不过当处理卡通的动作和这些技法的使用的时候，模糊动作要少量的使用，如果用得太多，那在你准备好要涂抹最后的画面时，它会使动画丧失干净、利索的感觉。

6.1

6.1 马达加斯加，2005
在《马达加斯加》中很少使用模糊动作，取而代之的是，动画师用了涂抹的帧来遮掩大的间隔空缺和减少频闪现象。

多个肢体

　　模糊动作问题的一个聪明的解决方法是将身体的一部分多重使用，来填补大的间隔缺口。因为手臂和腿是人物身上最活跃的部分，它经常被多重使用来达到多个肢体的效果。不仅如此，身体的任何部位都可以尝试这个技法，即使是人物的整个身体也可以应用这个技法。那么一般我们会重复多少个呢？没有什么硬性的规定，一般来讲一个特定的身体部位不要超过四个。有时候一个就够，通常会用两三个。重复的数目同样也取决于需要覆盖多大的空隙，如果空缺太大，可能需要更多的肢体来覆盖这个距离。它们之间相距多远也是需要考虑的，虽然一般你会觉得它们应该等距。如果有变化，那你可能会想要它们的距离逐渐加大。类似的，如果绑定允许，你需要调整一下透明度，离主要的那个最近的要最实，而最远的那个要最透明。

　　在我们想到多重肢体的时候通常会想到散乱。在想要有疯狂的、散乱的动作的时候一般是可以使用多个肢体的。有一个很好的例子，就是比比鸟看到它的敌人大土狼洒下的鸟食，在比比鸟吃鸟食的时候，通过对它的头使用多个肢体的方法，可以完美地表现这个疯狂的动作。我受邀制作《大土狼与比比鸟》（2010），第一个场景是一个啄鸟食的场景，我最后用了几个头来得到最后的效果，在每一帧中改变头的位置、表现和数量。在这些例子中，得到这些效果的创作过程比散乱的肢体要少一些系统性，所以对于效果是不是好是要经过试验的。我也在进行一些尝试之后才得到最后的比比鸟啄食鸟食的动作的。

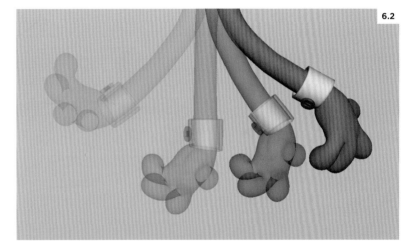

6.2

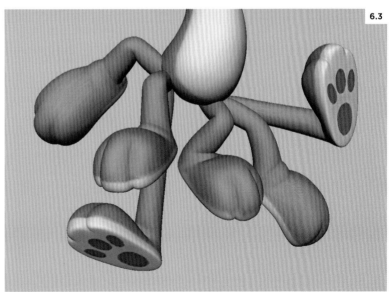

6.3

6.2　多个拖在后面的肢体
这是个多个拖在后面的肢体的例子，手臂的距离依次增大，依次变得更透明。

6.3　散乱的肢体
这是一个充满随机性和杂乱的散乱肢体的例子，尤其适用于快跑的动作，也就是人物不动，脚来回乱蹬想要向前跑的样子。

制作多个肢体

当制作多个肢体的时候，制作过程取决于绑定的性能。如果绑定的设计包含多个肢体，那就只是让多的肢体能被看到并且进行摆放的事情了。这本书中伯顿先生的人物绑定就是这样的，他有三条手臂和三条腿以备需要。我们会在本章最后的逐步演练环节详细地讲解如何进行制作。但是即使是没有这种设定的绑定，我们也可以简单地制作多个肢体，过程如下：

1. 单击想要添加多个肢体的那一帧。

2. 将相同的人物参考进你的场景，这样在场景文件夹中就有两个相同的人物。一定要确定在添加参照的时候使用默认值，因为Maya会给每一个人物不同地命名来避免重名的问题。

3. 从原始的人物身上复制完全相同的动作到新做的参考的人物身上。你的绑定可能带有GUI让你选择每一个人物的属性，使复制粘贴变得简单易行。如果不是这样，可以通过传统学院派的方法，即使用手动复制粘贴来快速完成。选择你想要复制的控制，在时间轴中右击，然后在弹出的菜单中选择粘贴>

粘贴选项。你可以同时复制粘贴一个以上的控制，但是要确保是按照相同的顺序选择的，不然就会出现意料之外的结果。

4. 现在选择你想要做成的多个肢体，简单地改变它的位置来制作杂乱效果。

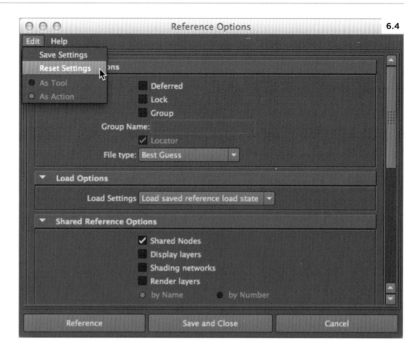

6.4 参照

当做参照的时候，确保要用Maya的默认值，这样每一个参照都会有自己的名字。

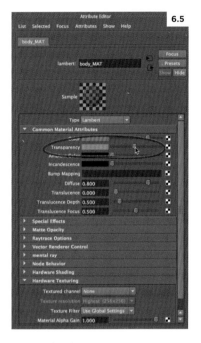

6.5 透明度滑动器

如果你制作伯顿先生之外的角色，可以通过调整身体部分在着色器中的透明度，来为每一个额外的肢体设置好合适的透明度。

5. 让多个肢体有不同的透明度的方法也很简单，但是需要调整身体部分在着色器中的透明值。右击你想要调整透明度的部分，从弹出的菜单中选择材料属性。这时属性编辑器会弹出，如果透明度属性没有和其他的东西相连接，你就可以通过调整滑动器来改变它的透明度。

6. 最后需要做的就是将帧中除了多个肢体的其他部分隐藏。一些整个人物的绑定是有可见属性的，这种时候也很简单，点击固定或切断就可以。对于没有这种属性的绑定，可以到人物最顶端的节点然后在那里控制是否可见。

7. 对于每个额外的肢体，都重复1-6的步骤就可以了。

如果你要为整个人物制作多体，除了步骤3之外，重复其他的所有的过程。你可能还是想要复制粘贴整个姿势，这样对于人物姿势和位置的调整就有了一个起点。从这样一个默认姿势开始制作，是一条不需要做太多事情的捷径。

6.6 整个人物的多体

我们可以看到，图中整个人物被用作多体。这在人物要穿过一帧或两帧以上的距离时非常有用。

动作线和干刷

当我是小孩子的时候，对于画加菲猫有极大的热情，即使加菲猫的大部分时间都是静止的（因为他的体积太大），如果我想要表现动作，我会用惯有的方法——在人物那部分的外面添加放射状的动作线。在传统动画中也是这样应用的，一个快动作的大间隔可以用跟随动作的动作线来填补，得到一种模糊动作的错觉。就像本章中其他的技法一样，它们只会在屏幕上出现一帧、两帧的样子，但是它们是非常简单、有效的技法。

使用干刷沿着相同的方向扫尾，也会得到相似效果。这个技法的名字来自于使用干的画笔的手法，也就是将颜料用在动画单帧的上层带来一种有纹理的感觉。绘画的笔画通常以厚重开始，然后随着动作渐渐变弱。一个极端例子是《华纳巨星总动员》中的大嘴怪被卷入龙卷风。为了有看起来速度非常快的感觉，龙卷风本身应该在动画单帧的最上层用干刷。偶尔我们会看到人物的一些部分从龙卷风中露出来，制作出杂乱、卡通的感觉。

对于2D动画人物，达到这种效果就和用铅笔画上线（动作线），或者用画笔（干刷）在单帧上方扫刷一样简单。在3D中就没这么幸运了，我们可以将动画输入Photoshop或者Aftereffects，用这些工具进行设置来达到类似的效果。为了将效果在Maya中保留完整并且控制好，我们会需要依靠一些可以参照

到场景中的有用的东西，它叫做Swoosh，可以在我们的网站上找到它的下载链接。

Swoosh足以被用到动作线和干刷中，将Swoosh引入Maya，并用控制器来调整，得到想要的形状、宽度和颜色。动作线通常会更细，并且颜色恒定，干刷通常开始的时候比较厚重，然后渐渐减弱，通常会均匀覆盖拖在后面的人物部分。我们可以通过调整任何一端的透明度来制作出一种减弱的效果。具体可以看一下本章最后的逐步演练中，我是如何在动画案例中使用Swoosh的。

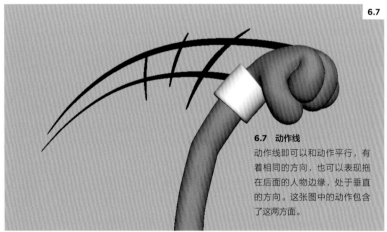

6.7

6.7 动作线
动作线即可以和动作平行，有着相同的方向，也可以表现拖在后面的人物边缘，处于垂直的方向。这张图中的动作包含了这两方面。

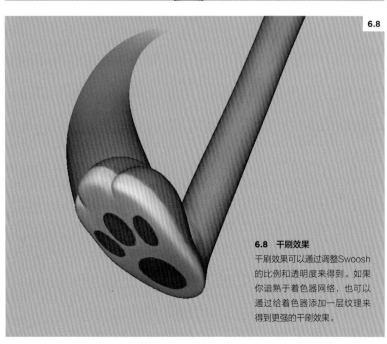

6.8

6.8 干刷效果
干刷效果可以通过调整Swoosh的比例和透明度来得到。如果你谙熟于着色器网络，也可以通过给着色器添加一层纹理来得到更强的干刷效果。

夸大化涂抹

就如字面意思，涂抹是人物或者人物的一部分被涂抹来填补姿势间隔中的大空白。人物会被变形至不符合解剖学、人体比例的程度。这种完全不现实、完全欺骗的表现也可使动画增色。和动作线、多个肢体一样，涂抹也可以被用来作为模糊动作的代替。涂抹是非常有趣的可以被用到我们的情景中的技法之一。一帧一帧地看华纳兄弟短片《多佛男孩的椒大学》（1942）就可以发现其中使用涂抹的例子。多佛男孩也是一个在人物从A移动到B的时候用涂抹帧覆盖了整个空缺的一个极端例子。我们会注意到，大多数的技法都通常只会在一帧两帧中解决。任何更长的空缺会变得更明显，也会将观众的注意力从故事身上转移到空缺本身。

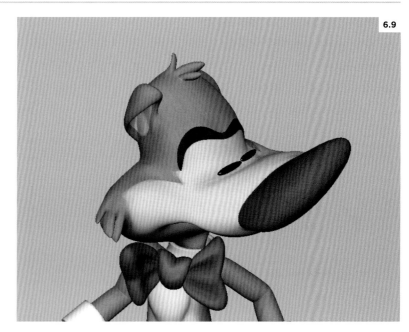

6.9

6.9　调整比例

当要得到涂抹的效果时，调整人物一部分的比例就足以达到人物的部分扭曲。在这个例子中，伯顿先生的鼻子被压扁，表现快速转动头部时被拉动的感觉。

像多佛男孩中涂抹在CG中的例子是很不常见的。从艺术性的角度来说，用涂抹来达到那种极限并不总是必要的。如果手很快速地划过屏幕，那手指的拉动和拖动就足够了。简单来说，动作的速度越快、幅度越大，动作就会需要更多的扭曲和涂抹。从技术的角度而言，因为有很多的绑定没有被设计为要变形，所以看不到极端的涂抹。偶尔我们会发现一些身体的一部分可以被调整比例的绑定，但是变形的总量是需要控制的，如果绑定被推进的太多，那我们会得到一些不想要的变形。幸运的是，一个Maya脚本的专家博塞尔（Bo Sayre）推进了工具boSmear来给我们以灵活性。我们接下来会讨论这些。

boSmear工具

对于部分的涂抹，一个灵活的、可调整的绑定就可以很好的完成。但是如果你想要在整个人物身上做一些疯狂的涂抹，那就要用到boSmear工具。链接可以在教学网站上找到。boSmear工作的方式就是制作出一个多边形网格，安放在相机镜头前，然后通过摆方设置网格上的各个顶点来将后面的人物进行变形。当你第一次启用boSmear的时候，会显示出有一些选项的GUI（见图6.10）。这里是对每一个选项的简介：

6.10 boSmear工具

这是一个boSmear工具的GUI截图，使用该工具可以制作多边形网格来创建变形。

相机

这是用来选择多边形网格所附着的相机。确定选择的是用来做最终渲染相机而非全景透视相机。

这时就准备好在相机镜头面前摆置网格了，你可以通过右击网格，选择想要用来调整它的组成的类型。我通常会用顶点和软选择的结合，软选择可以通过按B键固定或解开。软选择会在所选的顶点周围制造很好的衰减，呈现出不错的效果。按住B键的同时拖动鼠标中键，可以调整衰减的程度。还有重要的一点是，这些不会影响到已经键入人物的动画。这是额外的一层，独立于人物绑定工作。所以在用网格进行变形的同时，一样可以扭曲和制作人物的动画。当你准备好要开始存下你创作的东西，图6.11是动画控制器中你可以使用的选择的列表。

分辨率

用于设置在网格上的水平和垂直方向的数量。顶点越多，越可以对涂抹进行微调。不过对于大部分的涂抹而言，保持默认值就可以了。

目标

在这个区域，你会选择变形所围绕的人物的部分。在大多数案例中，主要身体的控制会最有效。选中要进行操作的控制器，然后单击完成。

几何结构

这是你想要添加所有想要进行变形部分的地方。选择要变形的部分，然后单击添加按钮。

制作涂抹

在你进行那些步骤之后，选择制作涂抹来制作能为列表中的几何结构进行变形的多边形涂抹。动画控制器的菜单会弹出，可以选择隐藏、键入和重置网格选项。

涂抹控制窗口

如果不小心关掉了涂抹控制窗口，单击这个按钮可以进行恢复。

6.11 动画控制器

动画控制器的GUI可以用来键入、重置和隐藏多边形网格。

涂抹网格

在场景中可以使用不止一个涂抹网格，选择你想要控制的那一个。

网格可见开关

用于控制网格是否可见的按钮。

重置网格

将网格的所有顶点恢复到默认位置。

键入所有网格顶点

这是如何可以将涂抹设置成关关键帧，在制作出关键帧之后，单击这个按钮，进入涂抹前后的帧，重置网格，然后再单击这个按键确保涂抹只会出现在选择好的帧中。

在曲线图编辑器中显示关键帧

如果需要在网格上使用关键帧数据，这个按钮可以让它们在曲线图编辑器中显示出来。

　　最后，当你选中网格之后，频道盒里还有一些可以用的额外的属性，如图6.12所示。

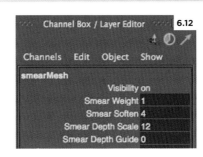

6.12

6.12　频道盒

偶尔可能需要为多边形网格改变一下这些设置，它们可以在选中网格之后在频道盒中找到。

涂抹力度

这个属性可以让你将涂抹的总量调大或者调小，默认值为1。

涂抹软化

如果一些几何结构从人物身上剥落，调整这个属性可能可以解决问题。值越高，涂抹就越柔和，默认值为4。

涂抹深度比例

如果人物的一部分在镜头不近不远，但是没有包括在涂抹中，可以通过调高涂抹的深度将其包括在内。

涂抹深度指导

这是个可视开关，让我们可以看到变形的边界。在调整涂抹深度比例的时候将它打开会很有帮助。

6.13　被涂抹的效果

这是一个伯顿先生的涂抹图像，也包括了之前和之后的画面，这是在boSmear的帮助下制作出的。

6.13

交错晃动

和之前的技法不同，交错晃动和模糊动作问题的处理一点关系都没有。交错通常是人物在紧张、摇晃时出现的现象，因为他们在达到极端姿势之前会在指定的方向上继续。为了达到这种效果，我们在使用"向前两帧，退后一帧"的方法时会使用到一定的算数，不过不用害怕，这里用到的都是非常简单的数学。一开始可能会有一些困难，但是一旦做几次之后就完全没有问题了。我希望你们可以在制作前先阅读一下过程，这样你们可以更好地理解是如何做到的，下面就是过程：

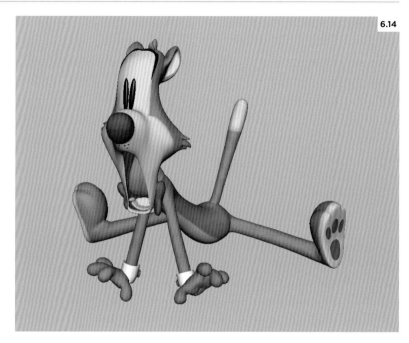

6.14

6.14 交错晃动
交错晃动的使用在人物很紧张、推或拉一个重东西的时候很合适。同样也很适合这张图中的特克斯·艾弗里风格的摇晃。

1. 交错需要一个开始姿势和结束姿势，所以在开始前先确定你已经有了这两个姿势。这个时候先不要担心你要怎么在它们中间进行填充，我们晚一些会说。一般来讲，交错是由大致相似的姿势组成的，最后的姿势是开始姿势变夸张的样子。如果在两个完全不同的姿势之间进行交错，那通常结果会十分混乱。

2. 确定交错的时间，并确定在时间轴中为人物的交错留了足够的帧数。对于大多数交错来讲12~16帧的时长就差不多。所以如果你要制作一个16帧的交错，而在时间轴中开始动作在第100帧，那结束动作就应该在第116帧。你可能不想在其中放入关键帧，因为后面会用新的过渡帧重新改写它们。

3. 接着在动画的最后复制粘贴这两个姿势，动画的最后是一点空白的工作空间，对于任何动画来说都是自由的。在时间轴中使用右击复制粘贴的方法就可以，但是你可能会发现用鼠标中键拖曳的方法对于复制动画来讲会更快。在这个区域的动画会变成交错晃动部分的资源，然后我们会用特定的顺序复制这些动画，然后复制回时间轴中的原始位置。这样做的时候，我们需要将交错的帧数减半。所以如果整个动画是在第280帧结束，考虑到第300帧为了交错复制开始的姿势，和在第308帧复制结束的姿势（16帧减半）。我们这样做的原因，是因为交错是由一遍一遍地重复特定的几帧而产生效果的，所以交错的动画资源只需要是帧数的一半就可以了。

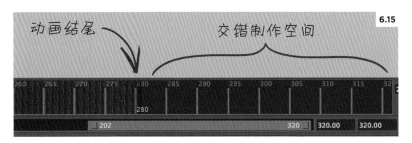

6.15

6.16

制作空间
（复制）

动画
（粘贴）

制作空间（复制）	动画（粘贴）
300	100
302	101
301	102
303	103
302	104
304	105
303	106
305	107
304	108
306	109
305	110
307	111
306	112
308	113
307	114
308	115

6.15 制作空间

在制作交错的时候，不止需要在动画中为它留空间，还需要在动画的最后留一个制作空间，这样你就可以用正确的顺序复制粘贴交错的姿势。

4. 现在在动画最后的制作空间中有了我们的姿势，我们需要在那些关键姿势之间进行填补。大部分时候我们会想要缓入最后一个姿势。对于第一个姿势，我们可以用缓出或者快出。那要选择哪一个呢？如果在交错之前的动作是快的，就像特克斯·艾弗里那样的，用快出的方法可能会更易于理解。如果你的人物很紧张，比如推一块大石头，动作比较平缓，所以可能会想要从第一个姿势中缓出。我发现使用线性（快）和平切（缓出）这两种切线类型通常不需要拉曳任何切线就可以很好地处理。

5. 现在到了有趣的部分了。当中间的填补完成了，我们可以将动画最后的制作空间的帧（300-308帧）复制到原本的位置（100-116帧）。做这些的顺序是非常重要的，这里也就是会涉及到数学的地方。记住我们用的是两帧向前，一帧向后的方法，在复制粘贴

帧的时候一定要提醒自己：你不需要从第300帧开始复制，因为那和第100帧的姿势完全相同。所以往前两帧到第302帧，复制粘贴这一帧到原始的下一帧的位置，也就是第101帧。现在回到制作空间，往后退一帧到第301帧，复制粘贴这一帧到原始位置的下一帧，第102帧。现在再往前两帧，复制粘贴第303帧到原始位置的下一帧，第103帧。再往后退一帧到第302帧，复制粘贴到原始位置的下一帧，第104帧。继续往前两帧、向后一帧的方法，一直到制作完成。现在用数学已经算不清了，所以在过了最后一帧的时候需要提前一帧结束。然后可以删除最后一帧，第116帧，然后115帧就变成了交错的最后一帧。

如果你觉得记住上一次复制完是向前还是向后太难的话，那可以列一个小表格来帮你记住这些。这样如果你忘了做到哪里或者迷惑了，就可以参考这个小表格然后理清顺序。图6.16就是这个例子中的小表格。你会发现，当我们用向前两帧向后一帧的方法复制动画的时候，我们其实是在按照有一帧增量的顺序粘贴，就是这样产生了交错的效果。一旦你完成制作，并且觉得很满意，就可以将制作空间的动画删除了。

6.16 交错表格

这是一张交错表格的例子，当你在过程中忘记到什么位置的时候会十分有用。

TIP　| **使用控制**

有一种趋势是在使用类似这些技法的时候，使它们成为动画的中心。作为动画狂人，我们热爱用这些手法制作出疯狂出色的画面。所以当学生们第一次尝试制作它们的时候，最好是将它们作为装饰，而不是主体。这些效果并不是用来喧宾夺主的，所以

我们不需要制作只是将动画做成我们卡通动画技术的展示片。当你在学习这些的时候，使用所有的方法，尽情地尝试。但是在为观众或者除你自己之外的人制作动画的时候，练习控制的艺术，只在需要用到这些技法时候使用它们。

杰森·格里奥兹

我非常幸运可以认识杰森·格里奥兹，那时他是林林艺术设计学院的一名学生。他在那里制作了非常棒的卡通短片《蟒蛇袭击》（Snake Attack）（2008）。由此他开始了作为一名动画师的职业生涯，参与制作《美食从天而降》（2009），《长发公主》（2010），还有最近的《超能陆战队》（2014）。他从紧张的日程中挤出了一些时间来回答我们的一些问题。

是什么驱使您想要将动画作为自己的职业呢？

我一直想要成为一名漫画家，为此在我大约7岁到18岁的这段时间，在学校之外上了一些课外课程。然后我为一个教艺术和设计的人工作，他叫做里奇，他去过纽约北部萨拉托加跑马场卖关于赛马的卡通。然后他开始画写实油画，一直到现在都还在画画。他以此谋生，我觉得那是我第一次想到原来可以以艺术作品谋生。但是我认为我想要做计算机动画的关键点出现在我高中的时候。那时我是11年级，在纽约上大学预备艺术课程。在那期间，我参观了一些诸如文理学院这样的综合性大学，但是它们不精于艺术。不管怎么样吧，我的老师给了我一本林林学院的手册，我记得我在书中看到了所有学生的艺术作品，比如帕特里克·奥斯本（Patrick Osborne）的作品，还有很多现在已经成为我的好朋友的人的作品。看到那些后去网上看了他们学生的短片，我认为能创造那样的作品是我见过最酷的事情。然后我意识到，我爱卡通，尤其热爱制作动画。

当我是个孩子的时候，我非常喜爱《玩具总动员》（1995）这部片子，它完全让我神魂颠倒，因为它和很多动画大片不一样。但是那时我不知道自己会喜欢动画制作。在我长大一些之后，在我整个高中的生活中都会自己制作翻页书，这大概也算是扩展吧。不过在我去林林之前，我对于动画的创作原则或者这类的事情一无所知。

所以现在您是以此谋生，您还热爱它吗？

当然了！有时动画的制作会变的很疯狂，需要很长的时间，不能保持健康的作息，不能经常见到爱的人等等。但是当你看到你的作品被呈现在大屏幕上的时候，当你看到人们的反应的时候，感觉非常得棒。当你看到一整个剧院的人为你的作品所动，就觉得什么都是值得了。

那让我们再回到您在林林时期，您那时创作了有着非常卡通风格的短片《蟒蛇袭击》，它并不仅仅是作为一个学生电影，甚至可以说是推进了计算机动画的边界。是什么引导您沿这个方向制作短片的呢？

我在大四之前就开始为我们的短片做准备了，但是我想要尝试看看我能做成什么样子。我是看着华纳兄弟的动画长大的，但那时候是我第一次看到短片多佛男孩。我之前从来没有看到过这样的东西，并且我想如果创作非常风格化的东西，将动画推进到那种程度一定会很惊人。不过现在再回过头去看，我认为那部短片中的很多部分做的太过了。

但是那也是其中的乐趣，先将烦恼推出来，看看你能做什么，然后再拉回去。我到现在还是对于在我所有的镜头中都这样做感到羞愧。我通常做的过于夸大，然后再拉回到现实。那些挤压的、拉伸的东西可以非常有意思，并且我认为我想要让那部短片做到的就是让人们笑。还有就是尝试做不一样的东西。

像多佛男孩一样，您创作了许多疯狂的涂抹画面。不过那时并没有简便的辅助工具，所以您创作它们的过程是怎样的呢？

会有尝试和失误吧，不断试验看什么比较有效。比如，我会把绑定从镜头中分离出来，试着发现什么是需要的。大多数都是建立在绑定上的，但是会变的非常非常得慢。我对一些东西用了晶格变形，还测量了人物的一些部分，看我能推进到什么程度。我和另一个林林的学生贾米勒·拉哈姆（Jamil Lahham）谈论过这件事，因为他有一种不同的方法来制作。我认为他只是在上面安一个晶格变形器，然后用在想要控制形状的特殊画面中。由于一些原因，我不得不将我有的一些OCD的东西用在绑定上，那真的只是个奇怪的组合，毫无精彩之处。虽然所有的事情都没有按照期望进行并不是我想要的，但是同时也达到了另外一个预期之外的特定结果。我认为这之中还是有成功之处的。

从您的学生时期到索尼请您制作《美食从天而降》有一个很大的跨越。您觉得制作《蟒蛇袭击》的经验对于您的顺利转换有帮助吗？

我觉得有。雇佣我的皮特·纳什（Pete Nash）是那候动画的头，我觉得是这部短片引起了他的注意。但我还记得他们很担心表演，因为在我学生时期的作品中确实没有很多很好的表演。

不过在这方面我确实在索尼学到了很多，这些东西是我之前在林林时没有深入钻研过的。我在《美食从天而降》中也确实参与制作了一些很有意思的镜头。

在《美食从天而降》之后，您离开了索尼，去迪士尼制作《长发公主》。《长发公主》对于迪士尼动画，尤其是计算机动画而言是很大的一个进步。您觉得这是艺术的一个自然发展过程，还是有什么原因致使迪士尼有这样的一个质的飞跃？

我认为很大部分原因是因为片子的指导约翰·卡尔斯（John Kahrs）和克莱·嘉拉迪（Clay Kaytis）。当然了格兰·基恩也为这部片子工作。约翰和克莱是动画主管，格兰有点像是动画的另一个主管。格兰对于2D的感知非常惊人，他将边界限定和工作人员推进到我完全无法想象CG能做到的境界。他给人的感觉就像，我们必须要推进到那种程度，然后他会画一些速写图然后说我们一定可以做到的。我们会努力理解他所画的，并且尽力去做到。我在那部片子中很喜欢的一件事就是设置姿势。每一帧的姿势都

太不可思议了。表演的选择很棒，绑定对于时间也很棒。就像是绑定的一大进步。

我真的觉得这取决于推动我们去尝试不同的东西，并且推进表演选择的人。卡尔斯只需看一遍镜头就会指出需要什么闪光点，你知道的，这会为镜头增添很多的精彩。这是你从来没有想过的事情。用这样的眼睛去看你的镜头，克莱也是这样。他们都已经在这里面工作很久了。而格兰，是来推进姿势，推进差不多所有的事情的。这是我之前从来没有经历过，这里的很多人也没有经历过的。很难去解释，但我们一直努力去做到更好。

从我的观察角度来看，感觉上很酷，似乎很多的学校都在追求皮克斯风格，并且我觉得很多工作室也是这样。《长发公主》感觉上是远离那种风格，并且在计算机动画中是很不同、很新的一种片子。

我认为这来自于工作室的手绘背景。即使在迪士尼的老电影中，表演和姿势都非常精彩。我觉得这大部分来自于知道工作室背景来源和想要达到的地方。并不说所有的工作室都没有那些，

但是迪士尼确实继承有很大的部分。这帮助他们的动画脱颖而出、出类拔萃。动画师们会很好地指出其中的不同，但即使是我的一个不是动画师的朋友也会觉得在长发公主的动画中有一些不一样的东西。甚至他的父母也觉得不一样，而他们从未接触过动画。你能理解吗，那种感觉是不一样的。真的是觉得非常棒。

您能大概描述一下您的动画制作过程吗？

制作过程取决于要制作的是什么镜头以及我被要求怎样做的。我都是以参考视频为起点。参考视频是你可以避免做同样的事情的一个很关键的要素。每个人都会有自己一遍一遍用到的小窍门，拍摄参考视频可以帮助你远离它们并且发现一些新的可以用到镜头中的东西。然后我会看参考，如果物理性的镜头，我会学习它，然后就能明白我的身体在参考中是怎样运动的，因为我觉得物理力学是很难的事情。然后我会对于镜头从开始到结束又有一个整体的、大概的时间控制。即使这是第一遍，我也会尽可能地做出最好的姿势。因为一

6.17

些原因，我不能在我满意这个姿势之前进入到下一个环节。我不能为了节省时间草草地做完一件事然后赶快继续做下一件事。

然后我会开始时间控制，并且从这里开始进行分解。如果这里有一个特定部分是我想要展示给导演的，我会在展示之前尽可能地分解它。对于我来说，第一次进行展示的目的，是让别人感受到你的想法。如果表达的不够清楚，别人那就会提出一些其他想法让你去做。你一定也不想在自己的镜头中用别人的想法吧。这样的话你也就失去了制作的热情，所以要做所有能做的事情，尽全力来展示你的想法。然后我将它展示给导演，如果得到了认可，我会将它带到最后，然后为最后的润色时刻再展示一遍。

您对于想要进入这个领域的学生有什么建议吗？

最主要的就是不要害怕去尝试新的东西。我认为远离陈词滥调的东西是很重要的。所以如果你觉得一些事情很奇怪、很不一样，那就尝试做出来，看看其他人怎么想。尝试一些新东西即使遭到否认也比什么都不去尝试要好。还有就是让更多的人看你的作品，越多越好。因为到最后，不是你一个人在看你的作品，也不只是关于你自己怎么看待你的作品，而是其他人的反应。尽可能地让更多人看你的作品只会让它变的更好。

6.17 蟒蛇袭击，2008
这是杰森·格里奥兹短片中的一些卡通镜头。正如我们所见，杰森非常巧妙地运用涂抹来代替模糊动作。

逐步演练

在本章的逐步演练中，我会串一遍本章中谈论过的不同的技法的应用，来将我们的动画推进到基本完成的阶段。

添加多个肢体

1. 当伯顿先生绝望地想要逃走，他跑到了半空中，试图找到一点牵引力（见图6.18）。因为他的脚移动的很快，所以这里是使用多条腿的一个好机会。对于这个动作，我最初的想法是让腿的位置很随机，来表现混乱感。但是当我将他的脚键入跑的动作之后，出现了一个循环的图案，于是我觉得用多个肢体来增强它并且填补由他四帧的奔跑循环造成的大的间隔空隙会更好。一般的奔跑循环是在六到八帧的样子，所以这里粗略来讲是正常的一半。

2. 如果伯顿先生的多条手臂、多条腿是建立在绑定中，我们可以通过主要身体控制器进入，会有多余手臂和腿的频道。属性从0到1，0是隐藏，1是完全可见。也可以通过调整到中间的数字来调节肢体的透明度（见图6.19）。伯顿先生的每一肢体都最多可以再有三个额外的肢体。

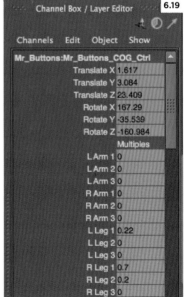

6.19

6.18

3. 下面开始一条腿一条腿地添加，图6.20显示了我添加的第一条腿。我将它的姿势设置成跟随着主腿的动作。回到之前的一帧看一下腿之前是在哪里，有利于对方向和速度有一个更明确的认识。时刻记住，我们还是需要留心间隔和弧形运动。如果我们想要动作连贯，那一定要有正确的弧形运动。在摆好位置之后，我稍稍调整了一下透明度，让它不那么实。

4. 按照制作顺序，我添加了下一条腿（见图6.21）。这条腿的间隔要稍微大一些，透明度也要稍微加大，这样就会有一种渐出、离主腿更远的感觉。我可以为每一肢体做三个额外的肢体，但我觉得再多一个就可以很好地表现了。间隔的间隙已经显示出了，添加更多会变的很乱。还有一点需要记住的就是，透明度的设置一定要根据最终的输出进行调整。如果是涂抹的，那透明度一定跟它是播放预览情况中的不同。

5. 对于另一条腿，我只多添加了一条腿（见图6.22）。为什么不让这条腿和另一条腿有着相同数目的添加呢？我这样做有几个原因。首先，对于初学者而言，就像我只为另一条腿做了两条腿一样，我不想要因为添加太多的东西而造成混乱的局面。第二，这条腿的运动距离比另一条腿要短。同样的，我可以通过回到前一帧观察，来将这些调整到最合适的程度。话虽如此，真正的测试是要看它们在动作中表现如何。我还有一打以上的镜头需要添加多个肢体，直到它们全部做完我才能看整体的效果，然后才知道我是不是添加了太多或者太少的肢体以及透明度够不够。当你在做这些的时候就应该对拖尾工作和错误的出现有心理准备。

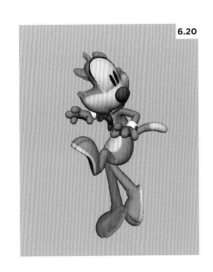

6.20

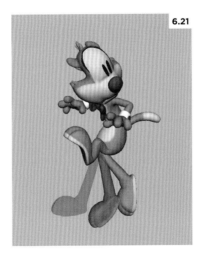

6.21

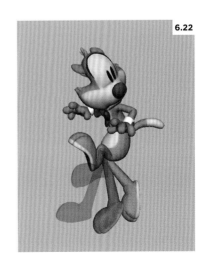

6.22

动作线和干刷效果

1. 在动画的最后，伯顿先生很快地离开了画面，在真正浏览播放的时候，看上去就像他消失了一样。我们在他消失的表演之前先添加一些动作的迹象（见图6.23），但是由于他的动作非常快，我们还要添加一下动作线，进一步表现他向屏幕左边的运动。明确一下，图6.23中的图像的顺序是反的，这样我们可以更好地看出动作的流动性。就和制作多个肢体一样，回去参考前一帧是很重要的，当添加动作线的时候，也要看一下前一帧，这些动作线需要和动作的轨迹保持一致。

2. 对于大多数的动作线，我会使用Swoosh进行制作，Swoosh可以从我们的教学辅助网站上进行下载。一定要在场景中参考这些。对于每一条添加的动作线，一定要建立一个新的参考库。你可以在网站上找到如何和库一起使用的说明。我开始在他马上就要离开屏幕的那一帧添加动作线，因为在这一帧和之前一帧之间的间隔有一点大（见图6.24）。重申一下，在做动作线的时候，我经常会在这一帧和前一帧之间来回翻看，这样我就可以准确地知道动作的曲线，还有每一部分的动作。

3. 我已经添加了一些动作线了，并且将它们的颜色稍微进行更改，以便和伯顿先生的颜色更加一致（见图6.25）。默认的Swoosh做出的线是黑色的，会使它本身太显眼，而我想要比较细微、微妙的东西。因为Swoosh是不带纹理的，所以我们可以通过调整库的着色器来更改颜色。

6.23

6.24

6.25

4. 现在我完成了这一帧，接着要开始制作下一帧了，放置更多的动作线。就像对多个肢体做的一样，我们需要控制是否可见，这样动作线就只会出现在我们想要它们出现的画面中了（见图6.26）。我们可以通过到层级最上方的节点打开或者关闭可见，来控制整个库是否可见。不过因为伯顿先生逃离了画面，我需要保留前一帧的动作线来确定新的位置和曲度。

5. 因为这里伯顿先生要覆盖一个很大的距离，我还想要添加干刷效果来减少一些空的空间。不管你们信不信，图6.27中的橙色大木头将会变成干刷效果。我将Swoosh库按比例放大来遮盖住大部分的动作线，将颜色也调成了橙色，同样为了和伯顿先生的颜色保持一致。不过这样看起来太奇怪了，我们需要添加一些透明度来擦掉它。

6. 在Swoosh库中，每一个用来确定几何结构形状的控制器都有一个可调整的透明度属性。在图6.28中，我简单地在Swoosh的最后将它们全部拨了回去，以便得到一个很好的减弱。同样的，当处理透明度的时候，在播放预览中看到的和涂抹图像中看到的会不一样，所以如果你的最终输出是要被涂抹的，那一定要先做一些测试。

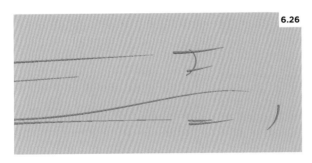
6.26

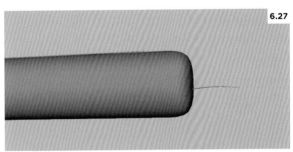
6.27

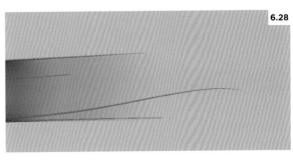
6.28

涂抹

1. 到目前为止，我们已经在过程中涵盖了对多个肢体和动作线／干刷的使用。现在该将注意力转向涂抹了（见图6.29），这是我们在第四章中用过的一个姿势，我们会使用boSmear工具来对整个人物进行变形。在GUI中，可以看到我们选择了之前设定用来渲染的主相机（不是全景的视角），成为涂抹被约束的视角。我选中了身体的控制称为我们的目标，然后加上了所有的人物几何结构来作为变形的一部分。在这之后，点击创建涂抹键，然后我们就准备好对伯顿先生进行涂抹了。

2. 在我们创建涂抹之后，镜头前会出现像幽灵一样模糊的一层，如图6.30。这就是你可以将人物进行变形摆放的网格。如果由于一些原因，圆滑网格的预览是开启的，那你的人物会变成分辨率很低的视图。选择人物然后按3键，就会回到圆滑网格模式。右击镜头前出现的新创建的网格，然后选择顶点选项。现在我们就能从构成的层面上摆放设置这些网格，从而对伯顿先生进行涂抹。

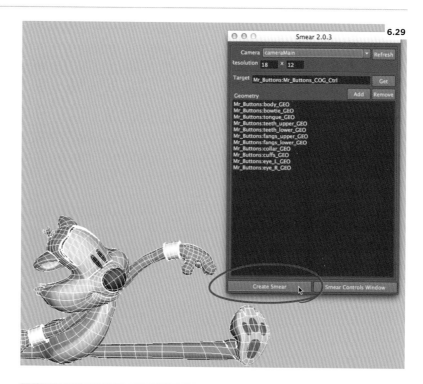

6.29

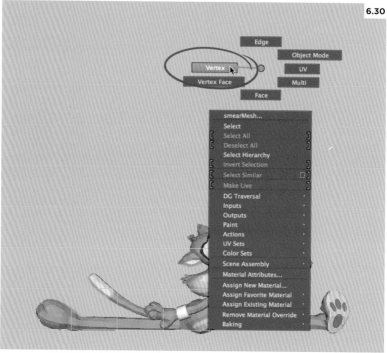

6.30

3. 你可以单独移动这些顶点，但是我建议开始的时候先一组一组地移动（见图6.31）。我强烈建议使用软选择，这样在选择的顶点的周围就会有很好的减弱。可以通过按B热键来开启或关闭软选择。按住B键然后使用鼠标左键进行向左向右的拖曳，可以增加或减少减弱的总量。我注意到有时候当我第一次开启软选择的时候，减弱范围非常的大，所有的顶点变为醒目的黄色。在这种情况下，继续缩小减弱的范围直到变成可控的大小。

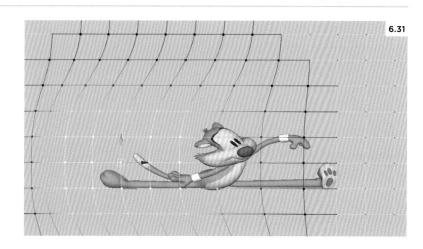
6.31

4. 不要害怕拉曳这些顶点。事实上，网格可能会因为顶点的重叠交错变的很乱。就像我们不需要在曲线图编辑器中有非常好看的曲线一样，我们不需要一定在镜头前有非常好看整齐的网格，最重要的是人物看上去是什么样子。话虽如此，如果网格太过于脱离控制，我们可以在boSmear界面中的涂抹控制窗口中选择重置网格按键来进行重置（见图6.32）。

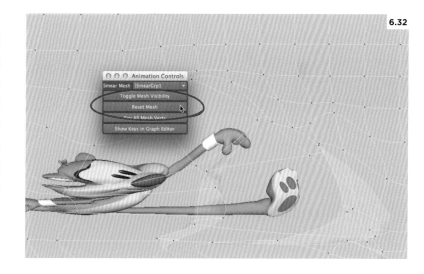
6.32

5. 因为涂抹网格只是一个多边形平面，我们可以用任何数量的Maya工具来摆置这个网格。Sculpt Geometry工具（造型雕刻工具）会非常有用（见图6.33）。首先，确定是在多边形模式，然后选择网格>Sculpt Geometry工具>选项盒选项。这样可以弹出这个工具的设置，我们可以选择摆放设置涂抹网格的不同的笔头。我最喜欢用的是Relax工具（发散工具），图中圈出的那一个。这个工具能将网格带回到很放松、更偏向于默认的一种状态，尤其是当出现一些太过的顶点的时候会非常有用。简单地选中网格（不是顶点）然后清除掉。就像使用软选择一样，你可以按住B键，用鼠标左键左右拖曳来控制笔头的大小。

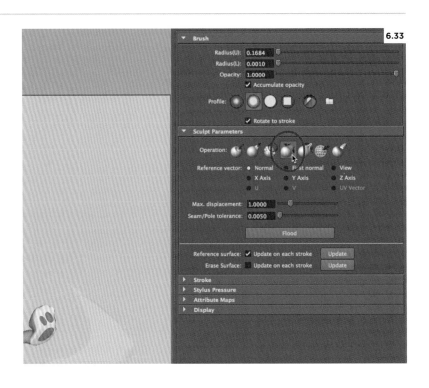

6. 如果你看一下前后帧，可能会发现变形被应用在了每一帧中。为了解决这个问题，先单击右下角和原始boSmear窗口中的名字一样的按钮，打开涂抹控制窗口。然后在你想要应用涂抹的帧上点击键入全部涂抹点的按钮（见图6.34）。为涂抹后面的帧也这样做。然后你可以点网格可见控制的按钮来隐藏网格即可完成。

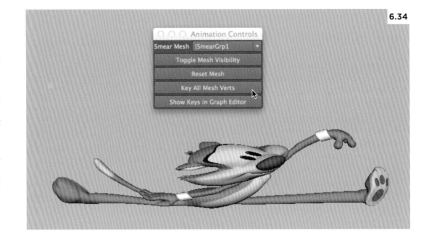

交错晃动

1. 最后，当然也一样是不能忽视的就是交错的卡通技法。交错应该是我最喜欢的技法了。因为它是最容易应用的技法之一，同时在使用恰当的时候效果也非常棒。图6.35是通过交错达到高潮结尾的按顺序排列的一组姿势。

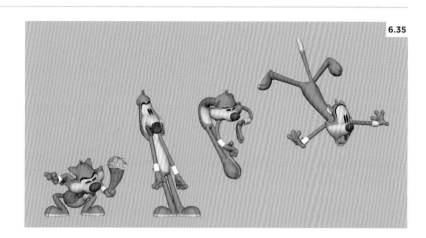

2. 正如之前提到过的，我们需要一个开始的姿势和一个结束的姿势。我比较想要用他像一个墨西哥卷饼一样折叠的姿势——这一组中倒数第二个姿势，但是如果从这个姿势交错到最后一个姿势的变化太大了，摇摆也会太突兀。所以我需要制作一个和最后的姿势很相似，但是又不到极端的姿势。我先复制了最后的姿势，然后将它往回拉了拉。图3.36展示了我要制作交错的开始姿势和技术姿势。

3. 我的交错会从第240帧开始，在第252帧结束。我决定要做一个12帧的交错，因为我不想让伯顿先生在被扔出去之前"闲逛"太久。我会在动画的最后使用一些空间作为复制的工作空间。动画的最后一帧是第276帧，所以我将开始动作和结束动作复制在第300帧和第306帧，如图6.37所示。为什么我要将12帧减半到6帧呢？再重申一下，交错是通过重复特定帧来完成的，所以在制作时只需要将真正需要的帧数减半即可。

4. 在曲线图编辑器中，我框住了曲线以便看到我刚刚复制到工作空间的两个姿势。为了让交错有快出缓入的感觉，我将第一个姿势的切线改成线性切线，最后一个姿势的切线改成平切线（见图6.38）。

5. 最后，我用向前两帧向后一帧的方法，将制作空间中的复制粘贴到动画中。就像本章中说过的，做一个小表格会很有帮助，万一在过程中弄乱了就可以查看一下表格，图6.39就是这个交错的表格。当完成复制粘贴之后，播放预览一下看看效果如何。如果看起来不太对，那做一些改变也并不难。如果交错太大了，那就将开始的姿势编辑得和最后一个姿势更接近。又或许可能是时间控制的问题，这样可以通过添加或者减少帧数来解决。这些更改都很容易，所以大胆地进行尝试来得到不同的结果。当你对效果感到满意，只要将制作空间中的两个关键帧删除，就大功告成了!

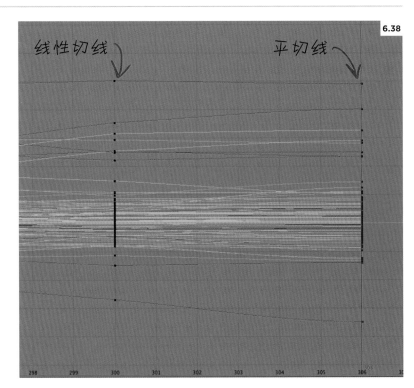

6.38

线性切线　　　平切线

6.39

制作空间（复制）	动画（粘贴）
300	240
302	241
301	242
303	243
302	244
304	245
303	246
305	247
304	248
306	249
305	250
306	251

你已经将最好的部分留到了最后，现在是时候开始制作、开始尝试这些卡通技术手法的可能性了。

给自己大量的时间和宽容，因为在过程中是一定要犯错误的。如果你觉得使用某一种技法很有困难，那就换一种试试，看看会不会得到更好的效果。在制作的过程中可以随时回过头去，以新鲜的视角和更好的准备去处理它。

要一直继续下去，最后你一定会制作出值得一帧一帧推敲的好作品的。

Run off and get started!

结语

当我第一次有机会教授动画的时候，觉得非常的紧张，因为我觉得自己了解的还不够深入。我还在自学动画，所以我觉得我并没有任何资格认证。而事实就是我确实也没有任何认证。但我还是接受了这个挑战。对于大多数事情来讲，经验就是最好的老师，我最终也找到了我的立足点。我只希望我最开始几年教的学生没有在没有经验的我手下承受太多折磨。当我第一次踏入卡通动画的时候，我每个下午都会看华纳巨星总动员短片，会为那些疯狂、古怪的姿势而感到开心，所以我觉得我已经很了解它们了。但这只是作为观察者，但是当需要完全进入其中去制作，就会有充满了不舒适和不确定的地方，需要我们去认真地学习。当然了，我在初期的时候十分挣扎于扩展这种新类型的动画，但是每一次失败都是一次成长，我也只是一直坚持做下去，直到开始步入正轨。

你可能也会觉得自己有同样的情况中。也许你是在看完这本书并尝试制作卡通动画，或是在失败比成功要多得多的情况下阅读这篇文章的。如果这就是你现在的情形，不要放弃，你可以做到的。可能会需要很多次的尝试，只要坚持，最终一定会做好的。用零碎的方法学习卡通动画可能会有帮助。如果你

不擅长做姿势测试，那就一遍一遍地制作姿势。不管有没有经验，来自外界的输入总是有帮助的。制作过渡帧、润色动作还有第六章中的一些疯狂的技法也是一样。不管你的弱项是什么，在它身上花时间去练习，这样就能不断提高你的能力。

增添你的技能可以让你变的更受欢迎和关注。从实践性讲，拓宽你制作的动画类型会更容易引起工作室的注意。我希望通过这本书的学习，可以通过提供给你的"如何去做"，来扩展你的能力，使你的作品更加地脱颖而出。但更重要的是，我相信对于更想要进步的艺术家们，这是学习的继续和成长的一部分。我最大的希望就是这本书可以让你想要去尝试新的、不一样的动画制作方法——让你觉得有挑战性的方法，将你从舒适的窝中推出来，然后引导你走向一个更丰富、更有所收获的动画艺术家的职业。祝愿你在动画的旅途上越走越好。

推荐阅读书目

除了奥利·约翰斯顿（Ollie Johnston）和弗兰克·托马斯（Frank Thomas）的《The Illusion of Life: Disney Animation》，还有理查德·威廉斯（Richard Whilliams）的《The Animator's Survival Kit》——每个动画师都应该读的这两本书之外，这里还有一些能进一步增强你的卡通动画能力的书：

《Character Animation Crash Course》——埃里克·戈德堡（Eric Goldberg）
埃里克是传统动画的大师，他将多年的创作经验和智慧汇集到这本有趣并带有插图的书中。

《Draw the Looney Tunes》——丹·罗马内利（Dan Romanelli）
不要将这本和给孩子们的如何画画的书相混淆。这本书包含了各种关于绘画的有用的信息，其中的插图包含了我见过的最有表现力、最棒的姿势。

《Drawn to Life: 20 Golden Years of Disney Master Classes》卷1&2——沃尔特·斯坦奇菲尔德（Walt Stanchfield）
这些书对想要提高姿势绘画和速写画的人来说是再合适不过的。当我在大学的时候，我们会互相传阅沃尔特·斯坦奇菲尔德笔记的影印版，并且非常珍惜我们能得到的部分。现在它们被整理成两册出版，其中全部都是精华。

《Pose Drawing Sparkbook》——塞德里克·霍斯塔德（Cedric Hohnstadt）
这本速写本包括了上百个不同的练习，设计来激发你的创造力并帮助你创作出非常棒的讲述性的姿势。

推荐影片

现在是推荐的影片，但是DVD和蓝光是提供不了像逐帧学习经典动画这样的条件的——一些不能通过串流媒体轻易做到的事情。我强烈希望你们在还能够这样做的时候建立一个自己的图书馆，来收集卡通动画的蓝光和DVD。下面是我强力推荐的一些片子：

《华纳巨星总动员》黄金套装（Looney Tunes Golden Collection），
卷1-6-DVD 或者
《华纳巨星总动员》白金套装（Looney Tunes Platinum Collection）
卷1-3-蓝光
每一卷都包含了很多个修复得很好的华纳巨星总动员短片。

《迪士尼的宝藏》（Walt Disney Treasures）DVD
想要拥有只是迪士尼制作的短片吗？这些DVD套装已经绝版了，其中的一些还是很贵的，不过它们确实值得花高价钱去购买。

《猫和老鼠》黄金合集(Tom & Jerry: Golden Collection)，
第一卷-蓝光
这些经典的猫和老鼠短片充满了卡通动作的例子。

《谁陷害了兔子罗杰》25周年纪念版(Who Framed Roger Rabbit: 25th Anniversary Edition)
虽然《谁陷害了兔子罗杰》是用自己的标准来制作的很棒的影片，但是在这一套中的三个兔子罗杰的短片，图米的麻烦、过山车兔子和千头万绪是卡通动画的最好的例子之一。

图片信息

1.1　星球大战之克隆人战争，2008。
卢卡斯影业／The Kobal Collection

1.2　复仇者联盟，2012。
漫威／The Kobal Collection

1.3　摩登原始人，1960-1966。
翰纳－芭芭拉工作室／The Kobal Collection

1.4　美食从天而降，2009。
索尼影视动画公司／The Kobal Collection

1.5　霍顿与无名氏，2008。
蓝天工作室／20世纪福克斯／The Kobal Collection

1.6　卑鄙的我，2010。
环球电影公司／The Kobal Collection

1.8　星际舰队，2009。
派拉蒙影业公司／坏机器人制片公司／The Kobal Collection

1.9　好莱坞百变猫，1997。
David Kieschner Prod./ The Kobal Collection

1.10　鲨鱼故事，2004。
梦工厂／The Kobal Collection

2.1　霍顿与无名氏，2008。
蓝天工作室／20世纪福克斯／The Kobal Collection

2.3　里卡多·约斯特·雷森迪友情赞助

2.4　里卡多·约斯特·雷森迪友情赞助

2.5　查理·卓别林。
The Kobal Collection

2.6　马龙·白兰度（1951）。
华纳兄弟／The Kobal Collection

2.7　加勒比海盗之聚魂棺，2006。
迪士尼电影／The Kobal Collection／Mountain, Peter

2.18　里卡多·约斯特·雷森迪友情赞助

3.9　里约大冒险，2011。
20世纪福克斯／The Kobal Collection

3.10　卑鄙的我，2010。
环球电影公司／The Kobal Collection

3.11　马达加斯加3:欧洲大围捕（又名欧洲通缉犯），2012。
梦工厂电影／The Kobal Collection

3.12　卑鄙的我，2010。
环球电影公司／The Kobal Collection

3.13　大卫，米开朗基罗·博那罗蒂，1501-1504，16世纪，大理石。
The Art Achive/蒙达多里作品集／Electa

3.14　霍顿与无名氏，2008。
蓝天工作室／20世纪福克斯／The Kobal Collection

3.15　功夫熊猫，2008。
梦工厂／The Kobal Collection

3.16　精灵旅社，2012。
索尼影视动画公司／The Kobal Collection

3.18　精灵旅社，2012。
索尼影视动画公司／The Kobal Collection

3.19　美食从天而降2，2013。
哥伦比亚影业公司／索尼影视动画公司／spi／The Kobal Collection

3.20　美食从天而降，2009。
索尼影视动画公司／The Kobal Collection

致谢

3.21 精灵旅社，2012。
索尼影视动画公司／The Kobal Collection

4.1 冰河世纪：融冰之灾，2006。
二十世纪福克斯／

4.4 维特鲁斯人，也叫做万能的人和标准比例和人体比例，绘画，15世纪晚期，副本，原件在威尼斯美术学院画廊，威尼斯·意大利。列奥纳多·达·芬奇，1452-1519。
The Art Achive/意大利私人收藏／Gianni Dagli Ori

4.5 卑鄙的我，2010。
环球电影公司／The Kobal Collection

4.6 里约大冒险，2011。
20世纪福克斯／The Kobal Collection

4.8 精灵旅社，2012。
索尼影视动画公司／The Kobal Collection

5.2 功夫熊猫，2008。
梦工厂／The Kobal Collection

5.9 霍顿与无名氏，2008。
蓝天工作室／20世纪福克斯／The Kobal Collection

5.10 怪兽屋，2006。
哥伦比亚影业公司／The Kobal Collection

6.1 马达加斯加，2005。
梦工厂／The Kobal Collection

6.17 蟒蛇袭击，2008。
杰森·格里奥兹友情赞助

这本书的完成离不开很多友人的帮助。感谢我的编辑乔治娅·肯尼迪在这整个过程中引导我、鼓励我，从专业的角度给予我很多宝贵的意见，并且对待我这个新手作者非常耐心。

我还要特别感谢我的受访者：肯·邓肯、詹森·菲戈里奥兹、里卡多·约斯特·雷森德、T.丹·霍夫斯泰特、佩佩·桑切斯、马特·威廉，他们分享了自己的智慧，极大地充实了这本书。

对那些不断向我发问挑战的学生们，感谢你们。你们甚至让我领悟到比我能教给你们的更多的知识。我将我脑后的白发一一命名为了你们的名字，以表感谢。

我和伯顿先生还要感谢耶利米·澳尔康、马库斯·吴以及加比·萨帕塔，没有他们的付出就没有现在的伯顿先生。

最后，我要感谢上帝，是他给予我力量和幸运来以卡通作为我毕生的事业。

出版商要感谢谢莉尔·卡布雷拉、保罗·格兰特、雨果·格罗威尔、詹森·斯克、埃里克·帕特森、皮特·赫里斯托和杰西·奥布莱恩。

感谢谢莉尔·卡布雷拉成为我的第二双眼睛，将这部书逐步完善，并让动画专业的学生们能从中受益匪浅。

对于我的家人对我一直以来的支持，我是感激不尽的。特别是我的妻子黛比。她是我一辈子的好伙伴和灵魂伴侣，同时她还是我的专属编辑和拉拉队队长。也要感谢我的大女儿萨拉，帮我记录下了所有的采访，她的智慧和理解力使我永远动力十足。当然还有我的小女儿，她的美好和对生活的热爱永远激励着我。